动物哲学

Philosophy of Living From Animals

图文版

（上册）

◎ 方刚 著　杨博瀚 绘图

东华大学出版社

图书在版编目 (CIP) 数据

动物哲学：图文版. 上册 / 方刚著；杨博瀚绘. —上海：
东华大学出版社，2014.10
ISBN 978-7-5669-0606-9

I.①动… II.①方… ②杨… III.①人生哲学—通俗读物
IV.①B821-49

中国版本图书馆 CIP 数据核字（2014）第 205687 号

责任编辑　库东方
封面设计　魏依东

出版发行　东华大学出版社（上海市延安西路1882号，200051）
本社网址　http://www.dhupress.net
淘宝店　　http://dhupress.taobao.com
天猫旗舰店　http://dhdx.tmall.com
营销中心　021-62193056　62373056　62379558
印　　刷　昆山亭林印刷有限公司
开　　本　787 mm × 960 mm　1/16
印　　张　12.25
字　　数　150 千字
版　　次　2014 年 10 月第 1 版　2014 年 10 月第 1 次印刷
书　　号　ISBN 978-7-5669-0606-9/G·163
定　　价　28.00 元

序

此书开始写作于1996年,那时我不满28岁,人生理想是成为一名作家。那时我已经出版了9本书,正处于人生中最大的一场磨难中。当时我众叛亲离,独自闭门读书写作,写的便是这本《动物哲学》。

人在逆境中写作,思想反而会升华。当时我直觉感到这本书将超过我以前任何一本书,将再版多次。果然,此次出版,已经是本书的第四个版本了,其中包括一个台湾版。我相信今后还会不断再版。

这肯定不是一本哲学书,它之所以叫《动物哲学》,是因为我努力从动物身上挖掘人生的启示。

我在第一版的序中曾经写道:"本书表面写动物,其实是写人。""当我不能写人的时候,我便去写动物了。"

19岁至25岁这6年,我曾在天津自然博物馆做讲解员,最重要的一个讲解任务便是在动物展厅为观众讲解动物。当时积累的动物学知识,都被我用到了这本书中。

但是，对本书最有帮助的，是人在逆境中的沉淀，以及对生命、人世、社会的种种反思。我后来一直非常庆幸有那次大的挫折，使我能够有一段时间静下心来思考人生，也使我此后的抗挫折能力一直非常强。对于后来生活中不断的挫折与创伤，我不仅不再畏惧，而且习惯于微笑地面对，感谢生命赐给我不同的体验。

这本书完成几年后，我彻底放弃了文学梦，转而攻读社会学的学位，走上了性学研究的道路。本书可能是我最好的文学作品，其中许多篇被收入各种版本的杂文选集、散文选集。《麻雀》一文连续十多年被收入在上海版的中学语文教材中。

思考人生，认识社会，不妨从阅读本书开始。

方刚

2014年8月于北京林业大学

目录

1　王者型

3　虎——百兽之首

6　豹——淡泊欲求的王者

9　狮子——节制之王

12　狼——人性的挑战者

17　鲨鱼——永不停歇的霸主

20　蓝鲸——濒危的帝国

23　象——温文尔雅的帝王

27　熊——大智若愚者

30　蟒——低等的猛兽

33　类人猿——痛失机遇的高智商者

37　恐龙——自我毁灭的绝对权威

41　鳄鱼——善恶难辨的猛兽

45　谋略型

47　盲鳗——统治者的心腹之患

51　燕千鸟——霸王的宠臣

55　少女鱼——与狼共舞者

59　乌鸦——外表丑陋的智慧者

63　章鱼——性情温顺的"恐怖分子"

66　蟾蜍——自招嫌恶者

69　观赏鱼——冷美人

- 73　鳑鲏——战略共生者
- 76　鸵鸟——探测危险者
- 80　蛇——人类的先知
- 83　蜘蛛——动物界的姜太公
- 87　沙丁鱼——严密社会组织的建构者

91　欺世盗名型

- 93　熊猫——和蔼可亲的凶残者
- 98　貂——靠偶然机缘获取美名的恶人
- 101　狼獾——动物界的强盗
- 104　狗鱼——祸害活千年
- 107　蝉——伪君子
- 110　杜鹃——被人类赞美的杀人犯
- 114　鸽子——虚假的和平使者
- 117　对虾——名实相违的夫妻
- 120　山羊——带血腥味的素食者
- 123　雁——背道而驰的迁徙者
- 126　鹦鹉——随声附和者
- 130　接吻鱼——名不副实的恋人

135　超逸型

- 137　长颈鹿——精神贵族
- 141　骆驼——面壁修行的达摩
- 144　龟——淡泊养天年

147 麻雀——动物界最后的烈女

151 丹顶鹤——姿态隐者

154 蚯蚓——忍气吞声的超逸者

157 鹦鹉螺——沉默的记录者

160 蝎子——"宁愿花下死"的逐性者

164 海参——有"母爱"的海洋老者

169 黑马型

171 螳螂——弱小者的希望

175 啄木鸟——不达目的不罢休的除害者

178 秃鹫——令人敬畏的清洁工

181 食铁鸟——反战勇士

184 野驴——自由奔跑的生灵

总鳍鱼——冲出困境的智者

海豚——以德报怨者

河豚——致命诱惑

珊瑚——创造奇迹的弱小者

对虾——脱胎换骨者

蚜虫——人性的导师

劳碌型

大马哈鱼——含辛茹苦的父母

鸽子——远行的恋家者

角䴘——鸟类中的愚公

河狸——真正懂得育子之道的父母

企鹅——务实的求偶者

偕老同穴——厮守终身者

光棒鱼——大女子，小男人

鲍鱼——刚强的觅食者

鲤鱼——沾亲带故的幸运儿

逍遥型

鸳鸯——激情派情场老手

戴胜——自命不凡的新潮人

孔雀——炫耀美色的男人

寿带鸟——红杏出墙的祝英台

交嘴鸟——天生的旅行家

黄脚三趾鹑——颠倒了"社会性别角色"的女权主义者

怯懦型

关公蟹——海洋懦夫

比目鱼——悠闲的疗养者

害羞鸟——裹脚的旧时少女

老鼠——自惭形秽者

兔——狡诈聪明的怯弱者

大鲵——长寿的婴儿

奴役型

猪——无奈的不幸者

牛——甘于被奴役者

马——被人坐享其成者

鸡——走下神坛的禽

骡子——出身卑贱者

蝴蝶——红颜薄命的女人

变色龙——卑琐的自我保护者

蜜蜂——繁衍机器

蛾——迷失心志者

文昌鱼——夹缝求生者

鲳鱼——地位下作的人

蛔虫——在命运里轮回的人

蜉蝣（一）——朝生暮死者

蜉蝣（二）——拥有生命主权的弱者

补篇：人究竟是种什么样的动物？

人VS猫头鹰

人VS麋鹿

人VS鹬

人VS儒艮

人VS朱鹮

人VS麝

人VS猫

人VS狗

方刚VS动物

方刚

王者型

3　虎——百兽之首
6　豹——淡泊欲求的王者
9　狮子——节制之王
12　狼——人性的挑战者
17　鲨鱼——永不停歇的霸主
20　蓝鲸——濒危的帝国
23　象——温文尔雅的帝王
27　熊——大智若愚者
30　蟒——低等的猛兽
33　类人猿——痛失机遇的高智商者
37　恐龙——自我毁灭的绝对权威
41　鳄鱼——善恶难辨的猛兽

虎——百兽之首

一旦王者形象树立，外界便将所有威猛的形容词加诸其身上。

虎是食肉类猛兽中最凶猛和最强大的一种。

虎的捕食范围很广，它的主要捕食对象是野猪、狍子、黑鹿、麂子等，但无论大至野牛、马、鹿，或凶如棕熊、金钱豹都可能遭它毒手，当林中缺食时，虎也袭击水牛、黄牛、猪、羊、狗等家畜，有些虎甚至会成为吃人兽。

虎善于独来独往，每只虎都有自己的疆土，以尿味划定疆界，尤其是雄虎，决不许另一只雄虎侵入自己的领域，否则将有一场恶斗。

虎鸣使百兽胆寒，虎那稳健的步履中透露出一种自信，而这自信来源于它的利齿、利爪、利尾。

人类崇拜虎，《说文解字》里解释虎为百兽之首，可见人类对它的推崇。所有关于虎的形容词，都在播扬着它的威猛。人们将虎画在纸上、挂在屋里，小孩子的鞋被制成虎头形，将虎皮剥下来铺于座榻，据说都可以驱邪。但另一方面，人类又有些畏惧虎，成语"谈虎色变"便是证明。人类对虎的态度是真正的叶公好龙。人类称虎为"大虫"，"虫"字在这里带有贬低、蔑视的成分，又称虎为猫的徒弟，更是试图从心理上战胜虎的一种明证。人类甚至发明了"纸老虎"这个词，虎便成为一根指头即可以击败的了。

　　虎的祖先出现在二百万年前，后人称之为剑齿虎。剑齿虎的形态和大小同现代的虎近似，特别的地方是上犬齿扁平，有的前后有锯齿，齿冠高可达 10 厘米，利如短剑。这种虎口能张得很大，利于捕食大象、犀牛之类的厚皮动物，上犬齿能刺得很深，并可把伤口开大，使猎获物大量出血而死亡。听起来，现代虎远不如它们的祖先威猛，但是，

一个重要的事实往往被忽略掉了——剑齿虎奔跑很慢。

对于激烈的生存竞争来讲，奔跑慢实在是太糟糕了，所以今天百兽之王的祖先那时是无法称王称霸的，它只能袭击一些奔跑得更慢的动物。好在有那长长的剑齿帮忙，而当现代虎变得矫健起来时，那对虎牙也退化了。

如果说奔跑慢有理由被大众忽略，剑齿虎的短尾被忽视却不应该了。剑齿虎的尾巴很短，尚不及现代虎的1/3，有化石为证。对于动物学家和古生物专家来说，这应该是一个很简单的事实，但是奇怪的是，在某自然博物馆展柜里，画像上的剑齿虎长了一条长尾巴。即使是权威的《辞海》，我手边的1980年版的缩印本，"剑齿虎"的条目下也画着一条长尾虎，不伦不类，令人哭笑不得。

据说老虎如果没有尾巴便会威风大减，所以老虎的尾巴注定要在人类意识的天空里挥舞，没有长尾的剑齿虎，也只好让它的尾巴变长了。

豹——淡泊欲求的王者

同样是豹,西方人看到了玫瑰与火焰、圣灵和魔鬼,而中国人看到了金钱和富有。事实上,豹子本身是一种淡泊欲求的动物,以上所有的联想都是人类自己欲求的表达。

动物分类学中的豹,专指一般人常说的金钱豹。云豹、雪豹、猎豹等,虽然沾了一个"豹"字,并与豹貌似,却都不是豹。

不论东方人,还是西方人,对豹皮的赞赏是一致的。中国有"人死留名,豹死留皮"的说法,视名声重于生命的中国人,将豹皮提到了无上的高度。而《圣经》中曾暗示过,耶稣就是豹子,而且是白色的豹子,因为耶稣经常通体有悦目的白光。

豹皮的美丽,使人们的目光停滞在上面久久无法移动。

但是,西方人和东方人从豹皮上看到的东西却又不完全一样。

一位学者曾提到,在西方人眼里,豹皮上令人眩惑的圆斑是玫瑰与火焰、圣灵和魔鬼的象征。他进而引证到,但丁在《神曲》地狱篇中提到这种猛兽时,用其象征淫欲。"豹子在充足的睡眠后,会发出甜美的叫声,而身上弥漫着诱惑一切雄性、雌性动物的芬芳",这种芬芳是各种花朵和蓓蕾香味的总和。达·芬奇认为,豹子在猎食时常用自己的美来吸引对手,而将凛冽的目光娇媚地低垂,使对方由于喜悦而忘记被吞食的危险。该学者写道:"列奥纳多圣画中的女性(许多画已失传了),都具有豹子这种以美和低视引人入胜的奇怪特性。"

中国人对于豹子美的欣赏却不这样浪漫,而是很实用主义的。说某某人"吃了豹子胆",这是因为中国人相信胆小的人会因此勇气倍增。中国人用"金钱豹"三个字称呼豹,据说是因为它们皮毛上的斑纹使人联想到古代的铜币造型。其实豹子皮毛的纹路与那外圆内方的孔方兄并不是很接近,但中国人还是在它们身上看到了钱。东北地区的豹子毛色淡雅,不是黄澄澄的,人们便又称之为"银钱豹",还是离不

开一个"钱"字！在中国人这里，豹子寄托了他们对金钱的欲求。

而在另一方面，中国人又清楚地知道豹子本身是一种淡泊欲求的动物。上述学者认为，豹子被古代的中国人称作"程"，而"程"就有程度、克制的意思。古诗有"饿豹食有余"的句子，便是讲豹子不贪食的属性。豹子在性交时同样很有节制，欢愉之后很快离去，不在巢穴中久留，担心情欲会使它们昏迷和倦慵，进而受到伤害。

从对欲望极富节制的豹子身上，中国人看到了金钱，并对其产生了无法节制的欲求，这本身便是一种嘲讽。

在20世纪60年代以前，我国华南豹的数量很多，华北豹也不少，只是东北豹比较少。奇怪的是，这种珍贵动物竟一度被列入"除害"的范畴，像所有那些人们又爱又恨的动物一样，受到有计划的屠杀。直到20世纪70年代，豹仍然不是被保护动物。到了1981年春天，它才有幸被列入一份动物保护名单草案中，成为我国一级保护动物，而此时，它已经濒临灭绝了。

狮子——节制之王

> 狮子绝少放大统治者的欲望,而是时时克己奉公地节制自己的欲求。

狮子不属于保护动物,因为它缺少经济价值,一直没有专门猎狮的人。

但是没有人怀疑狮子的王者地位。

狮子有时被称为非洲狮,以示有别于印度狮和美洲狮。其实这并不必要,因为印度狮和非洲狮是同一种动物,只不过是十来个亚种中的两种;而美洲狮根本就不是狮子,分类学认为它是一种超大型的野猫,把它译作狮子本来就不正确。

狮子天生具有帝王之相。雄狮自2岁起头部开始长出长鬣,至4岁后最为丰盛,不但披拂整个肩颈,还垂及喉部和前胸、前腿根。这些深褐色或黑色的长鬣,犹如王者之冠,烘托着狮子面部的宁静与冷冽,让人望之顿生肃穆庄严之感。

狮子生下来就是长老,它的长须和颌下的短胡子都是白的,这使得即使是年满 3 岁刚刚成熟的幼狮,看起来也像一位敦厚的长者,因为白须向来是历经沧桑的一种见证,甚至被看作智慧的标识。

雌雄狮尾端都有一个黑色的毛团,恰似王者仪仗的最后一道幡。

某学者认为狮子主要是靠它的音量成为百兽之王的,在一切人造的发声装置出现之前,狮吼是宇宙中最强烈的声音,足以惊天动地,传到很远的地方去。即使是狮子的腹语和睡梦中发出的呢喃之声,也具有可怕的杀伤力和穿透力。听到狮子的吼叫,百兽都震惊得赶快趴到地上,动作慢些的马则被惊得尿血。

该学者更多地关注人文古籍中的记载，而对动物学本身有所偏失。因此，我们对他的上述记录不可以抱全盘接受的态度，特别是当他提到，狮子有时乱施淫威。

如果说象是中庸、仁政之王，虎是威猛之王，那么狮子则是节制之王。狮子绝少放大统治者的欲望，而是时时克己奉公地节制自己的欲求。

狮子并不贪食，所捕食对象主要是羚羊和斑马，在特殊情况下才袭击长颈鹿、野牛和野猪。遇到犀牛和大象时，它总是首先避开。对人更是采取回避的态度，只是在不得已的情况下才会伤人。至于吃人的狮子，过去固然有过，近些年来已很少听闻。

真正的王者往往是独行的，独自狩猎，独霸猎物。但狮子却总是以家族为单位，一雄数雌，加上若干只幼狮，当十几头狮子共同生活在一起的时候，王者的权威受到削弱，狮子似乎也无意于权利的角逐。十几头狮子围捕一个猎物，然后围成一圈分食，这场面实在有失帝王的威仪。狮子似乎从来没有意识到要保持什么王者的虚荣，它只知道，吃饱就行了，生于世间，不可贪求过盛。

狮子的王者地位可能会因此受到怀疑，它过于节制，过于温文尔雅。但是，狮子却有横扫千军的威猛，它只是不用罢了。狮子王给人的印象是，它是可以信赖的、真正可以委以国家重任的王者。

狼——人性的挑战者

环境可以改变一切，万物之灵的人类也可以变成一条野蛮的狼。

让我们将对狼的关注聚焦在"狼孩儿"身上，毕竟，这些由狼哺育大的亚当之子，其出现本身便是一个奇绝的话题。虽然人类也有"狮孩儿""狼虎孩儿"的报道，但没有哪个像"狼孩儿"这样经过证实，受到公认，而且时有所闻。仅1926年到1927年，在印度便发现了三例"狼孩儿"。

最早关于"狼孩儿"的记载是在古罗马神话中，有一头母狼用自己的乳汁喂养了一对双生子，他们是罗姆勒斯和雷姆斯。没有关于这对兄弟的智慧和习性受到影响的说法，而他们的后来者，则普遍表现出狼性。

"狼孩儿"在某种意义上可以算作一个新的物种，他们一方面像狼一样嗥叫、爬行、饮食，一方面又完全是人的外貌，以至于当我们用第三人称"他"来对其加以标识的时候，不能不有些犹豫。但是，人类普遍认为"狼孩儿"还应该是人，那些被发现的"狼孩儿"，无一例外地被接回人类社会。

"狼孩儿"回到人类社会之后的处境并不美妙，人类社会里的一切行为方式与规范对他们来说都是陌生而难以接受的，他们撕咬衣服、拒绝直立，睡觉也要蜷缩到屋角。"狼孩儿"遵循的完全是狼群的行为规范，虽有人的身体，却完全是狼的习性。这时，人们觉得还是应该用"它"来标识"狼孩儿"。当人类说，某个十多岁的"狼孩儿"智力低下到只有三岁幼童的水准时，是在用人类的标准衡量，而对于狼群来讲，这个"狼孩儿"可能已经是绝顶聪明、智慧超凡了。

我们的判断在这里受到一个挑战：这些被我们称为"狼孩儿"的怪物到底是人还是狼？如果我们更看重精神，似乎应该将其纳入兽的范畴。人类不甘心自己的子嗣仅仅因为喝了几年狼奶、住了几年狼窝便成为野兽，人类繁衍了几百万年获得的一切难道就这样易于毁弃？于是，人类对"狼孩儿"投入了巨大的耐心，施以全方位的人类教养，终于，因为一些细微的改进而兴奋，因为，人毕竟还是人。

请允许我作一些很不恭敬的设想：如果再将这些已颇具人性的"狼孩儿"放归狼群，他们是否会生活得更加自如呢？更为不恭的设想也许是：如果我们自己从小便被狼饲养着，是否也会一身狼性呢？这其实是毋庸置疑的。

人性的改变真的是如此轻易，因为习性的形成不依靠种族的遗传来完成，而完全是生物个体生活的社区环境决定的。我们是人还是狼，取决于我们被人娇宠，还是由狼驮在背上。我们这些一直在人类社会中长大的孩子，正是在我们的成长过程中不自觉地接受了属于人类社会的一切，没人有意教我们什么，我们却在一代代地承袭着习俗、道德、伦理，甚至属于集体无意识的事物。承袭的时候，我们被剥夺了独立思考与判断的可能，对于所承袭的一切，我们甚至不会想一想是否应该抗拒，作为这个社会的一分子，接受是我们注定的命运。

裙子属于女人，这是我们想也未想便接受的一种习俗，这种习俗被我们视为天经地义。如果哪个男人穿上裙子，我们会对他的心理健康与否表示怀疑。但是，苏格兰的传统偏偏是裙装为男人专属，那里的居民接受了这个千百年来的习俗，女人穿裙子对他们来讲才构成新闻。

个体观念的形成总是由社会习惯的影响注定。一个危险的新问题便由此出现，如果这未经检验便承袭的一切是错误的呢？是有悖真理和科学的呢？是使人类背离生命最高宏旨的呢？我们岂不是也要照袭不误吗？！

　　人类社会的诸多悲剧，便是这样形成的。当我们习惯于接受而不是思考时，我们正在走向死亡。

　　每个社会都会有一些观念的背叛者，试图将自己独立的思考加在整个社会的运转齿轮上。但是，主流社会及其主流意识形态的顽固往往会轻而易举地击碎任何一项挑战。那些习惯于接受、自以为真理在手的平庸之辈总是充当传统的护卫者，以捍卫全人类幸福的心态和面目出现，他们其实正在使人类远离真正的幸福。这种情况是完全可能存在的。于是，多数人对少数人的压榨，主流观念对边缘意识的打击，便这样形成了。

　　从某种意义上讲"狼孩儿"是幸运的，他至少得到了对比的机会。

　　我们终于又回到狼的话题上。动物学家一直无法理解那些哺育人类幼子的母狼，是什么样的动力促使它们付出自己的母爱？它们又能从中得到什么？任何一种解释都难免牵强，仿佛有种无法探测的意识在施加影响。

　　大自然安排狼做这样一件事情，可能只是为了给人类一个警示，传达一种信息：环境可以改变一切，使万物之灵的人类成为一条野蛮的狼，因此你们应该对自己习惯于接受的品性加以警惕！

　　著名的"母狼乳婴"故事记载了有关创建罗马古城的传说。公元前7到8世纪，罗马国王努米托雷被其胞弟阿姆利奥篡位驱逐，其子被杀死，女儿西尔维娅与战神马尔斯结合，生下孪生兄弟罗慕洛和雷莫。阿姆利奥把这两个孪生婴儿抛入台伯河。落水婴儿幸遇一只母狼用奶汁哺喂成活，后被一猎人养育成人。后来，两兄弟长大后杀死了阿姆利奥，并迎回外祖父努米托雷，重登王位。努米托雷把台伯河畔的7座山丘赠给他们建新都。后罗慕洛私定城界，杀死了雷莫，并以自己名字命名新城为罗马。这一天是公元前753年4月21日，后定为罗马建城日，并将"母狼乳婴"图案定为罗马市徽。罗马是古罗马帝国的发祥地，因有着辉煌的历史和罗马帝国的荣耀被誉为"永恒之城""万城之城"。

今天那些狼的乳儿们，是否还有希望再现那对兄弟的光荣呢？

鲨鱼——永不停歇的霸主

鲨鱼一旦停止游动,便会像块石头一样沉入海底,再也无力浮起。生理上的弱点,对于它们权威地位的获得,无疑起了至关重要的作用。

作为地球上最古老的鱼类之一,鲨鱼早在400万年前就已经存在了。在与人类长期的共处中,人类没少听闻这位海中霸王的凶残,但是,这位"老先生"的许多奇特之处,往往被人类忽视了。

鲨鱼的胃是一个"冷藏库",被它吞入的食物可以在里面存放10多天,甚至半个月,有时甚至一个月,而且不会腐坏,鲨鱼可以根据需要随时"提取"出来,再行咀嚼、消化。这对于大饭量的鲨鱼来说十分重要。

鲨鱼的鼻腔中有一个形状像一截皮管的器官,其作用几个世纪以来令生物学家们争论不休。直到1978年,生物学家才基本确定它是一个微妙的"电子器官",这个"电子器官"像雷达天线一样辐射电磁波,

王者型 | 17

然后通过接收"回声"来发现视力所不及的物体。

鲨鱼还是唯一被确定不会得癌症的鱼。全美低等动物肿瘤登记处用了16年时间，美国的鲁尔博士耗费25年的精力，检验了3万多头鲨鱼。在被检验的鲨鱼中，只有一条可能得了恶性肿瘤，于是，鲨鱼也被人类用来研究对抗癌症。

还有一个显而易见的奇特之处还在于鲨鱼竟没有鱼鳔！

鱼鳔对于鱼类起着控制身体沉浮的作用，当其中充满气体的时候，它们便向水面浮去，而排出气体时，鱼便沉入水底。没有鳔的鲨鱼，便失去控制升降的器官。真正的危险还在于——一旦它停止游动，便会像块石头一样沉入海底，再也无力浮起，只有死亡的命运。为了避免这样的结局，鲨鱼的一生都要不断地游泳，不断地前行，一刻也不能停歇。它们知道，停止前进之时，便是生命终了之日。

在这里，鲨鱼似乎变得惹人怜悯了，它们与"休息"无缘。

但是，鲨鱼的永不停歇，是否与它最终称霸海洋有某种关联呢？不断地前行，耗费的体力需要更多的食物来补偿，而对食物的需要使得它们更多地去捕猎，这又要求它们变得勇猛，而前进与捕击中，良好的体力已经练就成形，体质也进一步增强，它们又更加无敌，为其不停地游动打下基础。一种相互影响、相互促进的关系，便这样完成了。

即使仅仅因为没有鱼鳔，鲨鱼也必须成为海洋里的霸主。否则，那里便没有它们的生存天地。生理上的弱点，对于它们权威地位的获得，无疑起了至关重要的作用。

压力与动力，双向能量的发挥，促使海洋中产生了一代枭雄。

停下来便死亡，这其实是一个广泛存在的定理，只不过不像在鲨鱼世界中这样昭然若揭罢了，而且死亡的也不仅仅是肉体。

蓝鲸——濒危的帝国

蓝鲸的命运告诉我们：没有什么是人不能征服的，没有什么是人不能毁灭的。

蓝鲸是鲸鱼的一种，它们的体色蓝灰，故此得名，是地球上个体最大的动物。

陆地上个体最大的动物是大象，但远无法望蓝鲸之项背。已经灭绝的恐龙也以个体的庞大著称，人类已经发现的最大的恐龙化石是一头梁龙，体长30米。而目前人类捕获过的最大一头蓝鲸，体长已达34米，体重约170吨。况且，它还不一定是最大的蓝鲸。

蓝鲸的存在昭示着生命可以达到的极限。

3头蓝鲸就可以铺满百米长的跑道。如果用载重量为4吨的卡车运输那头170吨重的蓝鲸，至少需要43辆。把它的肠子拉直，足有半里路长；它的舌头有3米多厚，3吨多重，相当于一头大象的体重；它身体内的某些血管，粗得足以使一个儿童顺畅地走过；它的心脏有半吨重，脏壁有60多厘米厚，血液循环量多达8吨；雄性蓝鲸的阴茎有3米多长，睾丸重达45千克，接近一个成年女子的体重。

一头大蓝鲸的肺有1吨多重，能容纳1000多公升的空气。蓝鲸的头部露出水面呼气时，从鼻孔喷出二氧化碳废气，发出一阵响亮的尖叫声，犹似火车的汽笛。强有力的气流冲出鼻孔时，其高度可达10米左右，并把附近的海水一起喷出海面，形成一股蔚为壮观的水柱。

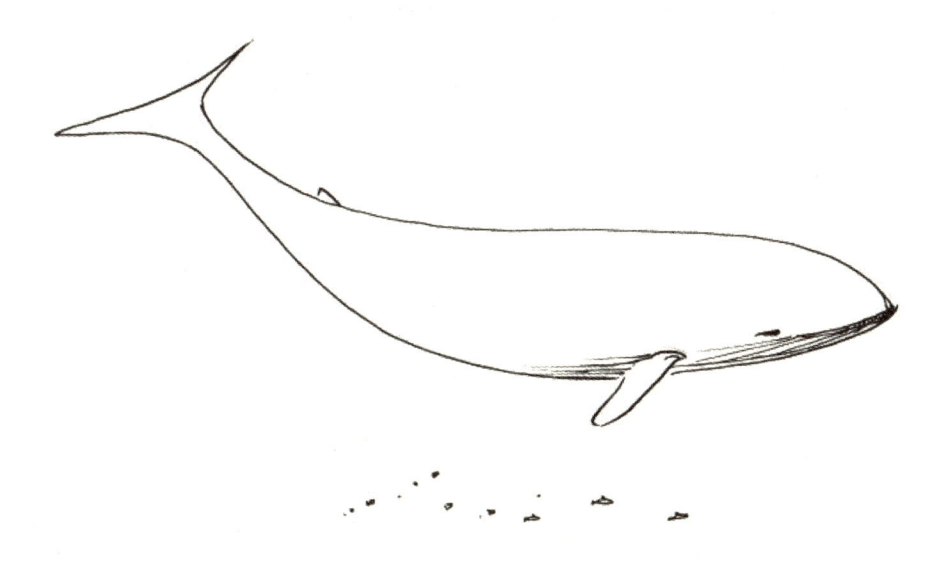

母壮仔肥，仔鲸一出世就有6~7米长，7吨左右重。幼鲸以母鲸的乳汁为生，一昼夜体重就增加100千克，断奶的时候仔鲸身体已经长到16米长、23吨重。大约8至10岁，幼鲸就完全成熟，可以生儿育女了。

蓝鲸流线型的身体，使它在水中时沉时浮，十分自在。一头蓝鲸以每小时28千米的速度前进，可以产生1700马力的功率，相当于一个火车头的拉力。它能拖着800马力的机船向前游动，甚至在船倒开的情况下，仍能以每小时4至7海里的速度跑几个小时。在动物界中，蓝鲸是绝无仅有的大力士。

蓝鲸以磷虾为食。它在进食的时候张开巨口，海水和磷虾一起进入，大有百川入口之势；然后嘴巴一闭，海水从须缝里排出，滤下的小虾小鱼，便可吞而咽之。蓝鲸的胃口特别大，一餐要吃1吨，每天吃4至5吨。好在磷虾是全世界数量最多的动物之一，足够蓝鲸吃的。

蓝鲸是在生物漫长进化史上返回水中生活的哺乳动物。蓝鲸将生命推到了顶峰，包括人在内的所有现生动物在它面前都渺小如尘埃了。但是，蓝鲸的命运仍受到人类的威胁。

蓝鲸具有重大的经济价值，因为蓝鲸皮下有一层厚厚的脂肪，可以做机械润滑油等，因此遭到了全球范围的大量捕杀。

20世纪40年代，地球上大约有30万头蓝鲸。到了1974年，国际组织估计，海洋中生存的蓝鲸只有2.5万头。到了1990年，可能只有2000头了。虽然国际捕鲸委员会和环境保护团体在采取各种措施保护蓝鲸，但这种地球上体形最大的动物数目仍在急剧减少，前景不容乐观。

蓝鲸的命运告诉我们：没有什么是人不能征服的，没有什么是人不能毁灭的。

象——温文尔雅的帝王

象完全可以依靠自己的勇猛称王称霸，但它对于称霸毫无兴趣，仍然以植物为生。温文尔雅的帝王常常使人忽视了它的帝王之尊，因为那些呲牙咧嘴的凶暴之王把王者的形象破坏了。

象是选择了中庸之道的帝王。

最早的象出现在距今4000多万年前的始新世晚期，这种被称作始祖象的动物只和今天的猪同样大小，而且没有象牙。始祖象在渐新世发展出乳齿象，乳齿象比始祖象大了一些，并且有了象牙和能够自由伸缩的长鼻，但在那个竞争激烈的世界，象仍处于弱者地位，我们可以想象出它们被个体庞大的猛兽逐杀的狼狈处境。

乳齿象在第三纪进化成剑齿象，这一新的种群生活期为距今700万年到200万年间。与它的祖先相比，它的个体庞大到了无以复加的地步，身长可达到十余米，体高五六米。它的上门齿极度发育，臼齿齿冠上的齿板呈屋脊状，其威武可以想见。1973年在我国甘肃省合水地区，发现了一头雌性剑齿象的化石，身高4米，体长8米，门齿长达3.3米，是目前世界上发现的最完整的剑齿象化石。因为处于黄河流域，所以被命名为黄河剑齿象。

象有理由成为那个时期最大的动物之一，不可一世地招摇而过。

当剑齿象活跃的时候，最早的人类——猿人也开始出现了。剑齿象成为猿人狩猎的重要目标，因为它庞大的身躯可以提供丰足的食物，杀一足以抵百。树大招风，象大招杀，大起来的象免不了成为靶子的命运。

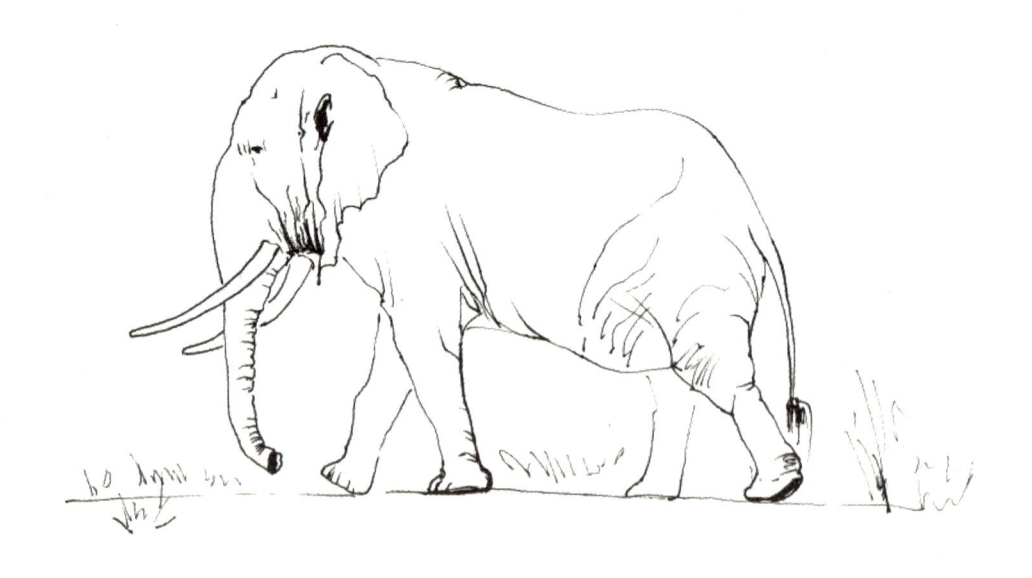

到了人类开始遍布全球的更新世,包括剑齿象在内的大型哺乳动物都灭绝了。现代象这时出现了,经过几千万年演化,它不像始祖象那么小,也不像剑齿象那么大,不再激进,也绝不落伍,于是,有了我们现在熟悉的亚洲象和非洲象。

象身躯的定型可能是无意为之,却在事实上选择了中庸之道。但即使如此,象仍然是陆地上最庞大的动物,成年非洲雄象肩高在 3 米以上,成年亚洲雄象也有 2.6 米高。

象的帝王之位不仅取决于它的身材,更在于它的力量。没有任何一种动物的鼻子可以同象鼻相提并论,它不仅是呼吸器官、嗅觉器官和味觉器官,同时还起到人类手的作用,可以卷起 800 多斤的重物,作为武器更是所向披靡。大象的腿直径超过半米,腿围超过 1.7 米,如果抬起腿来狠踢,恐怕没有什么动物敢于应战。一头狮子和一头象相遇,总是狮子先选择回避。

但是,我们却很少见到象攻击别的动物。它完全可以依靠自己的勇猛称王称霸,但它只是被动地接受百兽授予的王者之位,对于称霸毫无兴趣,仍然以植物为生。如果你不伤害大象,它是不会向你发起攻击的。它那威力无比的长鼻也只是用来自卫和复仇。曾有大象袭击人类的报道,这时候失败的总是人类,但这样的报道很少,相反,倒是人类对大象的任意捕杀惹起全球的愤慨。象不是无力对抗人类,而是选择了忍让和中庸。

大象出现在我们面前的时候,大多是儒雅地缓缓地踱步,一幅泰然而又凛然的神态,令人观之慕之,肃然起敬。象的行走和静止,都昭示着王者应有的仪态。

象是温文尔雅的帝王,温文尔雅的帝王常常使人忽视了它的帝王之尊,因为那些呲牙咧嘴的凶暴之王把王者的形象破坏了。

作为中庸之王的大象,又是仁政之王。仁政与中庸,这两个调子并不相同的选择,在大象这里完美地结合了。

熊——大智若愚者

熊其实是大智若愚的动物。作为生存竞争中的战败者,最后也是最好的办法便是装傻服输,以愚笨作为护身符,使敌人忘记它们曾经是强大的对手,从而放弃进一步杀戮的念头。

"笨熊"一词的广泛使用,说明人类视"熊"为"蠢笨"的同义词。最能说明熊之笨拙的俗语是"狗熊掰棒子,掰一个丢一个",连到嘴的美味都丢掉了,还有比熊更蠢的动物吗?

熊是食肉兽中体型最大的一类,多数种类已退化为杂食性,吃起素来了。生活在我国东北大兴安岭、小兴安岭和长白山等地的东北棕熊,在密林中摇摇晃晃地直立行走,那步态实在憨态可掬。它们的力气很大,却被看作是"傻力气",因为它们的视觉和听觉迟钝,动作缓慢。黑熊的嗅觉和听觉好一些,但视觉很差。如果人类与熊遭遇,只要蹲下不动，便不会被熊发现，因为它们无法看到300米以外的事物。

其实看到了也无所谓，因为熊一般是不会主动攻击人的，相反，会对人类采取"敬鬼神而远之"的态度，相遇时会主动躲开。

在人类处于猿人阶段时，熊是人类最主要的两个敌人之一，另一个是剑齿虎。此前，熊是欧洲、亚洲和北美山区及森林中常见的动物，没有什么天敌，智慧仅次于灵长目动物、象和海豚，记忆力很好。自从万物之灵的人类出现以来，与熊进行了几番斗争，结果熊战败了。为了逃避人类，它们都退到深山中，有些还改变了白天觅食的本性，只在夜间活动。熊成为被统治者，在人类狩猎捕杀的范畴内，哪里还敢攻击人呢？

其实，熊并不如呈现给人类的那样笨拙，它们虽然看上去笨头笨脑，

但真的奔跑起来，时速可达48千米，爬树时也很矫健；黑熊还能游泳，可横渡激流。熊掌一击的力量惊人，可以将一头很大的野牛击毙。即使在冬眠的时候，熊也保持警惕，它们的体温、心速和呼吸次数并不像其他冬眠动物那样降到最低限度，遇到突如其来的刺激、干扰，或者气温急剧升高，它们会立刻醒来，并在几分钟之内变得如其他季节一样活跃，这是蛇、龟、刺猬、蛙等冬眠动物绝对无法做到的。只是，熊的这些敏捷之处很难被人类看到罢了。

熊其实是大智若愚的动物。作为生存竞争中的战败者，最后也是最好的办法便是装傻服输，以愚笨作为护身符，使敌人忘记它们曾经是强大的对手，从而放弃进一步杀戮的念头。在我国历史上，不乏这样逃避杀戮的战败者。

有意思的是，人在相信熊是构不成威胁的蠢货之后，竟将其用来贺男婴诞生了。

《诗经·小雅·斯干》中说："吉梦维何？维熊维罴……维熊维罴，男子之祥。"明朝赵弼《蓬莱先生传》写道："今朝欢爱，浑如锦上添花；旧日因缘，宛似水中摸月。已见熊罴入梦，行看老蚌生珠。"希望生下的男孩子像笨熊一样，可见古人是看重体质的强壮，而轻视智慧之聪颖的。好在熊并不真笨，而且再伟大的母亲也不可能真的产下熊罴，所以我们今天还能自称是拥有智慧的生物。

人看轻了熊，熊会不会正积聚着力量，准备下一次决战呢？就像那位人尽皆知的败国之君一样，或许正在卧薪尝胆呢！

蟒——低等的猛兽

蟒能够吞下比它身体直径或头部粗大数倍的动物。可是，这个表面的强者，也是极端的弱者，它可以被最微小的力量击败。

蟒是个体最大的蛇。

南美洲的森蚺在蟒蛇中以巨大著名，最长的达8.79米，长得又粗又壮。东南亚的蟒蛇最长的有9.09米，不过没有森蚺那么肥壮。1963年，人们在越南曾击毙过一条28米长的蟒蛇，比森蚺还长两倍，十分罕见。南美洲的水蚺论体积首屈一指，最长的水蚺没有可靠的记录，爬虫学家们综合了各方面的资料后估计，在12～14米之间。即使是个体较小的成年蟒蛇，也长达6米左右。

蟒蛇的吞吃能力是惊人的，它能够吞下比它身体直径或头部粗大数倍的动物。它那分成两半的下颌靠一对杠杆般的方骨间接与头盖骨连接，使蛇口可以张开到130度（人类的口只能张开到30度）。下颌的两半在颏部以韧带相连，能左右展开，相当灵活。这一套构造很像一个能撑开的帆布桶，吞食时能尽力罩在猎物的外面。尤其奇特的是，蟒的口腔内长有像倒钩一样的成对牙齿，能左右交替活动。由于没有胸骨的阻碍，蟒皮的韧性和伸缩性很好，体壁能够自由扩张，食道也能高度扩张，不难把已经包在口内的猎物左拉右扯地囫囵吞下。

但是，蟒蛇囫囵吞物的能力并非没有限度，蛇类吞下最重动物的可靠记录，是从一条4.87米长的岩蟒肚子里解剖出一只59千克重的野猪。1944年，一位动物学家成功地诱使一条7.31米长的锦蟒吞下一只54.5千克重的猪。还有人从7.81米长的水蟒肚子里取出一只45千克重的美洲白灵犀。1927年，在菲律宾一条5.18米长的锦蟒吞下了一个14岁的孩子。1972年，在缅甸一条6.09米长的锦蟒吞下了一个8岁大的男孩儿。此外，还有蟒蛇吞下成年妇女的记载。

蟒——低等的猛兽

在我国，海南岛的蟒蛇曾吞食过小羊，广州郊区有一条蟒蛇也吞食了牧场的一头成年羊。在云南西双版纳的密林中，傣族人曾发现一条水蟒从树上扑向一头经过的水鹿，将其勒死，然后张口整只吞食。

《山海经》中记载称"巴蛇吞象，三岁而出其骨"，这种说法显然是夸张了。蟒蛇胃液的消化能力极强，除了鸟羽兽毛外，蛋壳、硬刺、骨头、牙齿等等，都在快速消化之列，可见"三岁而出其骨"的说法并不科学。

蟒蛇留给人类的凶猛印象由此得来，人类对蛇的普遍恐惧在蟒蛇这里加剧了，蟒的身影出现之际，便是人胆战心惊之时。仅仅是可以吞食比自己身体大数倍的动物这一点，就足以树立蟒蛇在动物中的一份霸权。

但是，另一方面，蟒蛇又是最原始和低等的蛇类。蛇原来是有脚的，在进化过程中脚消失了，在蟒蛇的肛门两侧还留有一对棒状的后肢遗痕。凶猛的蟒蛇还畏惧某些野生植物，如葛藤和草苦。猎人们遇到蟒时，如果将葛藤等投去，蟒即驯服不动，很容易用葛藤捆住抬回。蟒还惧怕汗臭，所以，投去一件脏臭的内衣，也能使蟒伏地就擒。

某些表面的强者，也是极端的弱者，可以被最微小的力量击败。

类人猿——痛失机遇的高智商者

三千万年前,它原本有一次成为人的机缘,却可能仅仅因为一次疏懒或其他偶然的因素仍然沉沦在兽的范围内。

17世纪著名分类学家林奈把人、猿、猴同归在灵长目,指出人与猿有许多共同之处;1808年,拉马克在他的著作——《动物哲学》中,提出人类起源于动物,并认为是由猿演变来的;1871年,达尔文发表了《人类原始和类择》一书,科学地论证了人类来自高级猿类;1874年,德国进化论者赫克尔发表了《人类起源》,从胚胎学、比较解剖学、古生物学等方面系统地论证了人和猿的亲缘关系;1876年,恩格斯在《自然辩证法》一书中写了一篇《劳动在从猿到人转变过程中的作用》;1890年,荷兰医生杜布哇发现了爪哇直立人的下颌化石,从而找到了

人类与猿同祖同宗的实物证据……

人猿同祖说在今天已经十分完善，并得到了广泛的证实。森林古猿在两三千万年前发生分化，一支由拉玛古猿、南方古猿、直立人、早期智人、晚期智人进化为今天的人类，而另一支则形成今天动物学分类中的类人猿科。森林古猿，是人类和类人猿共同的祖先。

类人猿科包括猩猩、黑猩猩和大猩猩，更早些时候分化出去的长臂猿，也被归入类人猿超科中。

长臂猿是最小的一种类人猿，在形态、构造、生理、智力等各个方面都不能同另外三种类人猿相比。但是，长臂猿已经没有了尾巴，因此它确实属于高等的类人猿，而不是猴子。长臂猿尚不能离开森林，它们固然可以下地行走，但相当笨拙，而当其在树上手脚并用连攀带跳时，身手却极其灵活。

猩猩的英文"orangutan"是马来语，有"林中野人"之意，可见猩猩是更高一级的类人猿。它虽然也能够勉强直立行走，但严格来说还是树栖动物，很少下地。猩猩从不群居，最多不过两三只暂时同栖。

黑猩猩过起了群居生活，但结合得比较散漫，群有大有小，由十余只到数十只不等组成，没有固定的对象和"家长"，性关系也呈现松散状态。但它们已经能够自如地在陆地上活动了，白天犹多，既吃野果野菜，也吃昆虫、鸟类，而且有时捕食小猴、小羚羊，甚至到田地里偷吃香蕉瓜果。黑猩猩的智力居兽类之首，不但能向人类学会许多复杂的技艺，而且还能"发明"和使用某些简单的工具。此外，它的交配方式也和所有猿猴不同，不是爬跨，而是采取了面对面的体势。

大猩猩是最大的灵长类动物，与人的体高差不多，体重却远远超过了人类。已经开始以家族为单位聚居，少则五六只，多则十余只，以一只雄性大猩猩为家长。除了上树摘果子外，大猩猩大部分时间都在地面活动，能直立行走，但有时仍改不了四肢着地的旧习。与黑猩猩等类人猿的流浪习性不同，大猩猩出现了恋家的强烈倾向，每个家族都有自己的一块林地，即使面对人类的威胁，也舍不得离开。

类人猿是人类的近亲，却未能蒙受这个强大近亲的特殊恩泽。在我国，广西的长臂猿已经绝迹了，1949年前海南岛尚有2000只长臂猿，新华社1996年5月28日的消息却显示，此时那里的长臂猿不足20只了。偷猎和自然资源被破坏，无疑是长臂猿数目锐减最首要的原因。老虎、鳄鱼、大蟒、金钱豹，都难以制服成年的猩猩。猩猩唯一的敌人便是与它们同宗同祖的人类，如果不是划定保护区和执行严厉的禁猎措施，这种动物恐怕早已经绝迹了。即使如此，走私者每年都要祸及数十乃至成百只未成年的猩猩。黑猩猩在我国尚未被列为保护动物，由于它们是智力仅次于人类的动物,所以常被人类作为心理学或行为学的试验材料,成为人类认识自己的一种工具。截至 20 世纪 80 年代中期,大猩猩在全球的总数不足 5000 只,其逐年减少的命运令人唏嘘。

类人猿在整个动物界中处于微妙而尴尬的位置,它与人类有着千丝万缕的亲缘关系,是人类祖先活的样本,是动物性的人,人性的动物。三千万年前,它原本有一次成为人的机缘,却可能仅仅因为一次疏懒或其他偶然的因素仍然沉沦在兽的范围内。

类人猿完全有理由想:就差那么一点点,我就成人了!

人类也完全可以认为:就差那么一点点,我就成兽了!

真的就差那么一点点。

恐龙——自我毁灭的绝对权威

霸权走到极致，便是自我毁灭的开端。

地球历史上从来没有哪一种生物曾像恐龙那样拥有如此绝对的权威。从两亿两千万年前，到六千五百万年前，一亿五千五百万年间它们独霸着这个星球。

恐龙遍及了中生代的整个陆地，普天之下莫为"龙土"。而它的近亲——翼龙，拥有制空权；鱼龙，掌握着水下世界。一时间，海陆空被同一个种群把持着，霸占着，在当时已经十分繁盛的生物界，竟然找不到一种可以与其抗衡的物种。所有的生物都跪倒在恐龙的脚下，任其宰割。没有任何一种稍微能施展制衡力的机制，恐龙为所欲为，它们的欲求便是这个星球上一切生物的最高法则。

霸王龙是最凶猛的食肉恐龙，体态高大。天津自然博物馆陈列的

王者型

一具霸王龙化石显示，其直立时有三层楼房那么高，头骨高一米，整个头部重达 2 吨，牙齿像一把把利剑，因为颌骨靠后，口腔张开时便犹如血盆大口。我们不难想象它张开血盆大口，发出怒吼，山河为之震动的场景。而美国一个恐龙博物馆的门前陈列的霸王龙化石模型高达 10 米。

即使是以植物为食的恐龙，亦凶猛异常。剑龙长有锋锐的两排背脊，挥舞自如的尾部配备着四根"长剑"，可以横扫千军，而那厚厚的背甲更增添了防御力，没有哪种生物敢于向其挑战。三角龙，头部有三角——两个眉角和一个鼻角。脖子上有项盾，其凶猛程度即使霸王龙也要让它三分。由于三角龙群居好斗，总有一个要在群体中称王称霸，

所以内部总处于争斗中。

再来看看恐龙在空中和海底的近亲。水中的蛇颈龙因为长有蛇一样的长颈而得名，它们甚至捕食自己的幼崽。鱼龙有今日海豚一样的外貌，却没有海豚的温和性情，当其游弋于海面时，其他生物望风而逃。

翼龙独霸着当时的天空，除它之外只有一些小的昆虫在飞翔。准噶尔翼龙化石显示，它两翼张开时宽达4米，至今没有哪种空中动物可与其媲美。于由小昆虫填不饱它们的肚子，翼龙更多地向水中取食，鱼类成为它们的美餐。

恐龙与它的近亲携手，一统天下的局面就这样形成了。甚至，人们在中生代的化石层中，很难找到恐龙和它近亲以外的凶残生物。是没有出现过，还是灭绝了呢？抑或在绝对的权威下丧失了产生其他勇士的空间？

恐龙的身躯疯狂地成长着，一只恐龙蛋不过如今日的西瓜一样大小，出壳的恐龙也只有斤把重，但是，恐龙的绝妙之处在于——它终身都处于成长中，直到死去的前一天，它都在生长着。其庞大的身躯本身便形成了对其他生物的威慑力。

恐龙狂妄一时，不可一世，当它面对不存在任何挑战的世界时，是什么样的心态，颇值得研究。傲慢，狂喜，会不会也有一种无聊呢？

但是，恐龙最终还是绝迹了，同时灭绝的还有它的那些近亲。我们如今只能面对化石叹服其昔日的霸王风采。古生物学家提出过无数关于恐龙灭绝的假说，却总无法统一在一面旗帜下。比较流行的学说有几种：恐龙是冷血动物，体温随外界气温的改变而改变，适合生存在没有四季变化、总是温暖如春的中生代，但中生代晚期发生了一次大规模的地壳运动，使得地球有了春夏秋冬的变化，恐龙无法适应新气候，只能告别尘寰；恐龙肢体庞大，大脑却很小，最典型的是自贡峨嵋龙，体高 7 米，体长 13 米，脑子却只有猫脑大小。生物的竞争虽然一度可以仰仗勇猛，最终还要靠智慧的角逐，相对"弱智"的恐龙只得无奈退场；不可一世的恐龙肆意妄为，随心所欲，整个地球都是它们的家园，它们在没有对手抑制的状态下一味地繁衍，庞大的种群也在破坏着自己的生存环境，再富饶博大的家园也有被毁灭的时候，恐龙以顽强的生命力完成着自杀；在没有外部对手的情况下，恐龙家族却发生了内讧，逐杀起自己的同胞来也是那样凶残，正像蛇颈龙和三角龙。没有哪种生物能击败恐龙，恐龙最终被自己击败了；此外，还有陨星撞击地球导致恐龙灭绝等诸种假说。

古生物学家们的考证、推理与争执仍在继续着，有一点似乎是毋庸置疑的：恐龙在中生代的地球上建立了自己的霸权，这种霸权一度达到无以复加的地步，而这必然破坏物种间的平衡，进而破坏生物的生存法则。同时，霸权走到极致便是自我毁灭的开端。

恐龙的绝迹恢复了物种在地球上的平衡与平等，但是，一种新的霸权也开始酝酿了，就在恐龙灭绝几千万年之后，一种新的生物取代了它的位置，成为遍布这个星球的高度繁衍的称霸种群。

这种生物就是——人类。

鳄鱼——善恶难辨的猛兽

人类对鳄鱼生物习性的误解是一回事,鳄鱼的行为习性又是另一回事。

影视作品涉及鳄鱼的时候,都在强化着一种概念:它们是食人的猛兽。西方更有一条谚语:"鳄鱼的眼泪。"讲鳄鱼在吃人时会挤出几滴眼泪,显示其虚伪的"慈悲"。鳄鱼完全有理由为自己翻案,动物学家的研究结果也显示了人类对它们的偏见。

绝大多数的鳄鱼是不吃人的。世界上现存的鳄鱼种类,有人说是25种,有人说是21种,但其中确实"吃人不吐骨头"的,只有两种,就是著名的尼罗河鳄和湾鳄。像美洲鳄就从不吃人,从来没有确切的记录证明美洲鳄吃过人。我国的珍贵保护动物扬子鳄,也是不吃人的。广州动物园中驯养的扬子鳄,便是性情温顺的典范。而且,即使是食人的湾鳄和尼罗河鳄,也不是见人就吃的,它们只是在孵卵和哺养幼鳄的时候,才袭击走近它们身旁的人类。人类完全应该有理由将鳄鱼的食人看作其保护幼仔的慈母之心在起作用,给以一份理解和宽容,而不该"以偏概全",给鳄鱼树立一个凶残的形象。这无疑也是鳄鱼寄希望于我们的。

鳄鱼对待它的孩子,的确是极温柔体贴的。

鳄鱼每次产卵二三十枚,被它们埋在沙滩下。孵化鳄蛋的热量来自太阳,这要持续近三个月,此间,雌鳄一直守护在蛋窝旁,为了即将出世的孩子们的安全,它一次也不到湖中猎食,"斋戒"整整三个月。雄鳄也一直在附近担任警卫,只不过偶尔匆匆出去找点东西填填肚子。父母的痴心,可见一斑。幼鳄破壳前两天,会在蛋内发出"呱呱"的叫声,雌鳄这时便用前腿掘开沙坑,其小心翼翼的姿态,像一位正在进行现

场挖掘的考古学家。幼鳄们拥挤着面对世界之后，它们的父母张开血盆大口，让孩子们从那用来撕咬猎物的锋利齿间爬进口腔，精心地将它们送到湖中。那以后，幼鳄要在父母的守护下生活六个月，才独自开始称雄一方的生命之旅。

如此柔情似水的鳄鱼，在其孵卵和哺养期袭击人类也就不足为怪了。岂止是对待人类，亚马逊河流域的森蚺凶猛异常，鳄鱼平时也避之唯恐不及，但在孵卵哺养期，它们却常不计后果地勇猛出击。

那被人类斥为"假慈悲"而深恶痛绝的鳄鱼眼泪，更是一大冤案。鳄鱼没有泪腺，所以它们根本不会流泪。只是因为它们多生活在海里或江河的入海口，饮食使之体内盐分很多，而肾脏的排泄功能又不完善，所以只能靠眼睛附近的盐腺来排掉体内多余的盐分，没想到却让人类误会了。据记载，最早提到"鳄鱼的眼泪"的是古罗马作家普林尼，这个恶名已被鳄鱼背得太久了。

似乎真的到了人类给鳄鱼翻案的时候了，更何况它还是恐龙家族现存的最后一个成员，早在一亿四千万年前便生活于白垩纪了，人类对于"活化石"不是一向尊崇备至吗？对鳄鱼也不该有例外。

但是，我们真的能给鳄鱼翻案吗？

那些众多的非食人鳄，其中许多种族人们一般是看不到的，它们只在世界某一个或某几个角落以少得可怜的数目维持着种族的存在，而和人类社会构成联系的，还是凶猛的尼罗河鳄和湾鳄，而这两种鳄鱼的数目可能要超过另外二十几种同类数目的总和！它们貌似只为保护幼仔袭击人类，事实是，那些靠近它们的人类没有几个想伤害它们。而最重要的是，它们每次竟要花掉 9 个月用来孵卵和哺养一代幼鳄，每年一次。也就是说，这些本意上并不想吃人的鳄鱼每年只有 3 个月不吃人！在那另外 9 个月里，它们却在以所谓"慈母之心"要求对其食人行为勿加斥责！当一种生物以此样的方式证明它们的"无罪"时，我们能够相信吗？如果我们相信了，那岂不意味着除了那 3 个月的"休养期"，余下的日子里，我们理应成为鳄鱼的盘中餐？

人类对鳄鱼生物习性的误解是一回事，鳄鱼的行为习性又是另一回事。

人类显然不会给鳄鱼翻案，但人类却在纵容着自己身边的"鳄鱼"：那些以种种正义和善的理由作恶的人，那些经常性"偶尔"犯错误的人，那些"无意"中伤害了别人的人，那些声称为了和平而发动战争的人……

谋略型

47　盲鳗——统治者的心腹之患

51　燕千鸟——霸王的宠臣

55　少女鱼——与狼共舞者

59　乌鸦——外表丑陋的智慧者

63　章鱼——性情温顺的"恐怖分子"

66　蟾蜍——自招嫌恶者

69　观赏鱼——冷美人

73　鲾鱼——战略共生者

76　鸵鸟——探测危险者

80　蛇——人类的先知

83　蜘蛛——动物界的姜太公

87　沙丁鱼——严密社会组织的建构者

盲鳗——统治者的心腹之患

统治者被人暗算,暗算者多为他的心腹!

鲨鱼是海中的霸王。作为最凶猛的鱼类之一,鲨鱼在海底世界所向披靡,游弋所及,其他鱼儿闻风丧胆,落荒而逃。霸王的权威是不容挑战的,那些无论在体积上,还是在凶残程度上,或者仅仅在牙齿上都无法与其匹敌的其他鱼类,都只有俯首称臣的份儿。

然而,哪里有压迫,哪里就有反抗。这是一个颠扑不破的真理。

反抗一位占有绝对统治地位的暴君,并不是一件简单的事情。如果像那行刺秦王的荆轲,仅凭一身志气与勇气,往往会落个"壮志未酬身先死"的下场。而盲鳗,无疑是有勇有谋的行刺者。

盲鳗细长的体型似鳗,通常也只有鳗鱼一般大小,在形体上便输了鲨鱼一等。盲鳗无法寄希望于采用什么新式的高精尖武器,它只能依靠智慧和特长,采取"曲线救国"的策略。

谋略型

盲鳗的口像个椭圆形的吸盘，里面镶着锐利的牙齿。当盲鳗用吸盘似的嘴吸附在鲨鱼身上时，这位残暴的君王并没有意识到危险已至。这可能出于两种原因：首先，盲鳗的吸附举动很容易被理解成谄媚，如此紧密而持久的亲吻还能有别的解释吗？特别是对于习惯于君临天下、俯视群臣的鲨鱼来说，它怎么会理解这小小的依附者竟敢怀有野心呢？其次，吸附的盲鳗紧贴在鲨鱼身上，随它四处游戈，时间一长，鲨鱼再狡猾也会渐渐放松警惕，"它不过是在狐假虎威，分一点残羹冷炙。"鲨鱼甚至可能这样自以为是地想。对于一个从没人敢向之挑战的暴君，这样的思维实在极其正常，而盲鳗正是利用了这一点，将鲨鱼置于死地。

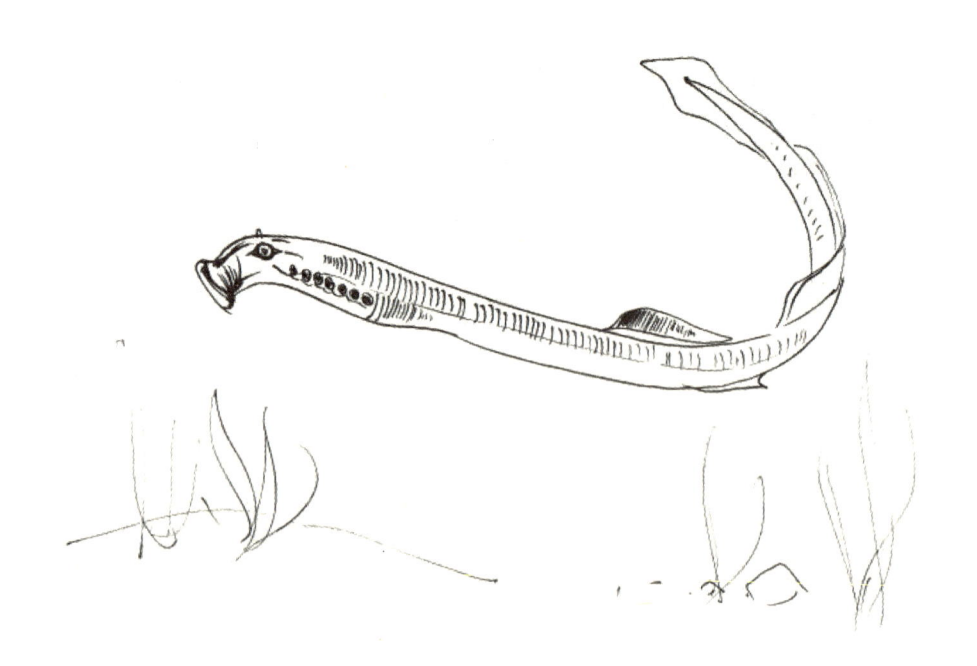

盲鳗——统治者的心腹之患

吸附在鲨鱼身上的盲鳗开始一点点向霸王的腮边滑动，鲨鱼甚至会以为此乃更进一步的谄媚，而一不留神，盲鳗已经悄悄地从鳃边溜进它的体内。鲨鱼应该觉得有点儿不对劲儿了，但为时已晚，盲鳗得到它的信赖和纵容，直入它的腹腔。"会不会有什么危险呢？"鲨鱼想，但也仅是想想而已，因为盲鳗一直是依附于己的宠臣。

此时，盲鳗深居霸王的体内，成了它名副其实的"心腹"。"吻"了这个暴君那么久，还不应该成为心腹吗？成为心腹之后，盲鳗就要实施自己真正的计划了。这个无法面对面与鲨鱼抗衡的小动物，此时可以在霸君的腹内兴风作浪。它开始大举吞食鲨鱼的内脏和肌肉，食量很大，每小时吞食的东西相当于自己体重的两倍。盲鳗一边吃，一边排泄。它大快朵颐，鲨鱼却承受不住了，后院起火，"火"来自内部尤为难熬，鲨鱼痛苦地翻腾却无法摆脱那两排已深入体内的利齿。此时，鲨鱼一定在暗暗哀叹："一代枭雄，竟毁在一条小鱼嘴里！"

小鱼吃大鱼不再是奇迹，面对面的劲敌好抵御，心腹之患最是难防。

盲鳗"痛打落水狗"，从里到外将鲨鱼吃个干净，然后掉头便走，它还要防范随时可能出现的新的暴君，以及它们的走狗。

盲鳗为了这顿美餐，人类三十六计中至少六个计谋被用到了。首先是瞒天过海、笑里藏刀，得以靠近鲨鱼，随后是暗度陈仓潜入腹内，再来个釜底抽薪，最后是走为上。还有一计，便是苦肉计。因为盲鳗经常钻进鲨鱼腹内，很少见到阳光，眼睛已经退化变瞎。这也是它名为盲鳗的原因。击败霸君，不可能不付出一些代价，更何况，盲鳗虽然瞎了，可嗅觉和口边小须的触觉却进化得异常灵敏，能够察觉鲨鱼腹的一切动静。好一个老谋深算的刺客！

谋略型

盲鳗不仅仅会吃掉鲨鱼，还会向所有大鱼发起袭击。

还有一种名为硬鳄鱼的鱼，与盲鳗类似，若被鲨鱼等大鱼吞入腹内，便会利用自己身上的一个个锋锐的刺，到处乱扎乱撞，边啃边吃，破其腹肋，留下一具死尸，自己无恙而去。

统治者被人暗算，暗算者多为他的心腹！

燕千鸟——霸王的宠臣

燕千鸟将鳄鱼的心理摸透了，目睹许多同类的惨死，它自然不会对鳄鱼有什么敬意。但是，如果能平安地从鳄鱼的牙缝间择取肉食，自然是最安逸的选择。

燕千鸟见于非洲，见于那些有鳄鱼栖息的河湖周围。

鳄鱼的凶残，我们已经耳熟能详了。但是，燕千鸟是敢于从鳄鱼口中取食的小鸟。这，几乎可以称为神话。

一条鳄鱼懒洋洋地趴在岸边晒太阳，张着血盆大口。一群燕千鸟飞来了，毫不犹豫地钻进它的嘴里。鳄鱼对飞来的食物无动于衷，甚至会有意将嘴张得更大一些。燕千鸟便在那一颗颗如同利刃的牙齿间觅食，不慌不忙，像人类在星级宾馆用餐那般悠闲与自在。燕千鸟的美味是鳄鱼齿缝间的残渣，当它用长长的喙啄取食物的时候，鳄鱼显

出很舒服的样子，闭上眼睛，享受着被剔除口中污秽的快乐。在燕千鸟饱食后离开之前，鳄鱼自然不会合上嘴巴，它们各有所求，燕千鸟要食物，鳄鱼要清洁。

有时，鳄鱼睡熟了，燕千鸟急于进餐，便会飞到它的嘴边用力拍打翅膀，惊醒这霸王的美梦。鳄鱼醒来，见是自己的"牙签"来了，便张开大嘴让它们进去，仍旧安闲地睡觉。

燕千鸟因为有同鳄鱼这样亲密的关系，又被称作"鳄鸟"。

燕千鸟和鳄鱼相互间的需求，并不难理解。即使是凶猛残暴如鳄鱼者，也需要对一些于自己有用的生灵采取恩宠的姿态，纵容它们的恣意妄为。如果一个心腹都没有，鳄鱼那逞凶的利齿有一天也会被蛀空，而成为徒有其表的凶神恶煞。仅仅为了保持霸王的地位，鳄鱼也需要燕千鸟这样的宠臣。

燕千鸟将鳄鱼的心理摸透了，目睹许多同类的惨死，它自然不会对鳄鱼有什么敬意。但是，它需要食物，而且是肉食，对于这样的鸟类来讲，如果能平安地从鳄鱼的牙缝间择取肉食，自然是最安逸的选择。更何况，同鳄鱼建立起这种关系，还能带来很多虚荣。

诅咒燕千鸟的生灵一定很多，咒语如"狼狈为奸""狐假虎威"，似乎燕千鸟应该被唾弃。即使在鸟类大家庭中，燕千鸟的地位也会是很微妙的。更大的可能是，这种诅咒是在背后进行的，大家表面上通常会对燕千鸟敬而远之。我相信私下里企图攀附于鳄鱼的鸟类绝不会仅仅是燕千鸟，那些因为种种原因没有取得这个地位的鸟类在诅骂燕千鸟的同时可能正懊悔着自己的失败，所以我们不必对燕千鸟的品性加以指责。

一个一直在困扰着我的问题是燕千鸟最初何以成功地同鳄鱼建立起这样的关系。种族习性的遗传很好接受，但那第一只进入鳄鱼口腔的燕千鸟却必须具有非凡的勇气，毕竟，这是一次深入死亡陷阱的恐怖历险。而第一条接受燕千鸟的鳄鱼也必须具备同样超群的理智，拒绝到嘴的美餐毕竟不是谁都能做到的。

至今仍没有动物学家对此做出解释。

可能与不可能的推测可以做出许多种，有一点是毋需置疑的，鳄鱼与燕千鸟相互之间信任的取得，一定经过了漫长的过程，而在这过程中，肯定有燕千鸟洒下的热血。

无独有偶，在中南半岛的森林里，有一种我们不知其名的鸟类，终日跟随猛虎出没。当这林中之王张开大嘴休息时，它们便投身虎口，啄食牙缝间的肉屑。它们的祖先肯定作出了难以计数的牺牲，才有了它们今天的安逸。

"拾人牙慧",即使是得到这样一个挨骂的地位,也不是一件容易的事情。

少女鱼——与狼共舞者

面对这个繁杂的世界,"少女"们更需要的是智慧和机警,发现对方的弱点,强化和完善自我保护的能力。

"少女鱼"是通俗易记的俗称,它属于雀鲷科鱼类,学名叫"二带双锯鱼"。

二带双锯鱼是一种小型的热带珊瑚鱼,它的颜色鲜艳明亮,加上两条白色间带的点缀,十分漂亮,像一个花枝招展的少女,这便是"少女鱼"名称的由来。

美丽而弱小的少女鱼是海底世界的弱者,令人们很长时间无法理解的是,它竟与凶猛的海葵关系密切。

海葵是一种捕食小鱼的腔肠动物,它没有骨骼,身体呈柱状,直径可达两尺,一端附于海中岩石或其他物体上,称为基盘;另一端有口，呈裂缝状，口盘四周长有几圈触手。它们喜欢群生在海边的岩石上，有橙色、绿色、橘红色等几种，触手经常在海水中轻轻地拂动，犹如一朵朵盛开的菊花。它的每一根触手上都布满了毒细胞，小鱼触及时，海葵立即喷出毒性麻醉剂，使小鱼中毒而处于麻醉状态，然后触手把小鱼捉住送入口道，最后小鱼在腔肠内被肠壁分泌的消化液消化。

早在一百多年前，一名叫金脱的学者在新几内亚和澳大利亚之间的木曜岛（又称礼拜四岛）考察时意外地发现，本应该如猫和老鼠一样处于敌对关系的海葵与少女鱼，却在海洋世界和睦相处，过着亲密的"互惠共居"生活。少女鱼经常出入海葵丛中，并不停地揩擦海葵的触须，显出很亲昵的样子；少女鱼随时都可能钻进海葵

体腔内，逃避敌鱼的追赶；最为有趣的是，少女鱼还巧妙地将追逐它的鱼类引诱到海葵的触手范围内，由海葵将这些敌人擒住；少女鱼还常常把自己吞不下的大块食物丢进海葵丛中，以报答海葵对它的保护。

海葵与少女鱼这样一对矛盾的动物，是如何统一起来的呢？这确实是个谜。莫非，凶神般的海葵也迷恋上了少女鱼的美色吗？

一个多世纪以来，世界上很多动物学家都对它们的特殊关系进行探索，我国已故鱼类学教授王以康认为，少女鱼出入海葵的府第而不被吞食，是无法理喻的事情。

20世纪70年代末，"少女"不被"恶魔"所害的奥妙有了新的解答。

原来，海葵那用来攻击其他鱼类的毒性麻醉剂也会刺痛自己和邻近的海葵，为了避免自伤，海葵能够分泌出另外一种黏液，这种黏液涂遍身体时，便不再会被自己的毒剂刺痛。这是海葵的弱点和秘密，但这一弱点和秘密却被聪明的少女鱼发现了、识破了，少女鱼决定利用这一点来保护自己。一条决心和海葵共生的少女鱼，总是先谨慎地去碰撞海葵的触须，同时极力忍耐住刺痛，将海葵分泌出的保护性黏液蹭到自己身上。获得这种黏液后，少女鱼便可以终身免疫，而不用担心被麻醉。少女鱼在清醒的状态下，虽然每天在海葵面前展示着美丽的身姿，也不可能被吞掉了。

少女鱼给予我们的启示是：当这些漂亮的"女孩子"因为生存或其他诸种欲求不得已与虎同枕、与狼共舞，而又想保持自己独立的存在、不被残害的时候，仅仅有美貌是不够的，善于和海葵亲密狎昵也是不够的，丢些食物给海葵以达到互惠互利还是不够的，自己捕食、"经济独立"仍然不够,"少女"们更需要的是智慧和机警,发现对方的弱点,强化和完善自我保护的能力。

其实男人有时更需要少女鱼的智慧,当我们面对这个繁杂世界的时候。

乌鸦——外表丑陋的智慧者

人类对乌鸦的智慧视而不见，只能说，人类爱智慧远远不如爱美貌，他们没有战胜追慕美色的本能。

乌鸦不仅仅被中国人视作不吉利的动物，西方民族同样不喜欢它。在德国的荷尔施泰因州，因为人们的射击，这种鸟一度只剩下有限的几对。当人们听到乌鸦的名字便皱起眉头的时候，却忽略了，这种外表丑陋的小动物不仅是鸟类中最聪明的家族，甚至与进化最为高级的哺乳动物相比，它们的智慧也是极优秀的。

人们的忽视实在没有理由，因为乌鸦的聪明不是动物学家的著述揭示，而是普通人见闻的记录。

前东德勃兰登堡一家大养鸭场的员工在许多鸭雏失踪很久后才得以发现，每天都有一些乌鸦从小窗户、通气孔和各种不为人知的秘密

通道潜入饲养房。它们组织得堪称周密:空中有几只乌鸦盘旋着当"侦察机",发现异常便暗哑而低沉地叫几声报警;地面还有"哨兵",站在屋顶、窗台上留意四面的动静,稍有不对就哇哇怪叫,使在里面"作案"的同伴溜之大吉。

某些乌鸦具有天才的模仿能力,能学母鸡、公鸡的啼叫,甚至狗的低吟,其学语能力远远超过鹦鹉和八哥,如果人类当其幼小时便开始训练,乌鸦可以学会上百个单词和几十条短语。

有人注意到乌鸦借助其模仿天赋作案。一只老鸦老谋深算地躲在一个鸡舍后面,试图以公鸡的啼叫声将母鸡从小鸡旁诱开。当这个诡计失败后,它便从躲藏的地方大摇大摆地走出来,疯疯癫癫地在母鸡面前虚晃几招,勾引母鸡以全副精力来对付它,而此时躲在暗处的另外两只乌鸦便趁机冲出来,捕食鸡雏。

乌鸦——外表丑陋的智慧者

捕捉田鼠是颇为辛劳的。一位农夫亲眼看到两只乌鸦骑在正在寻找食物的猪背上，当猪从田地里掘出田鼠时，乌鸦们抢先将其叼走。

一块肥肉被悬挂在树枝上，如果海鸥发现了，除了在飞过的时候趁机啄一口外无计可施。乌鸦就不同了，它会先揣摩一番，然后停在挂肥肉的树枝上，用嘴把系肉的绳子一点点往上叼，直到那块肉被弄到嘴边为止。

最奇妙的还是来自德国上巴伐利亚小镇加米施的一例报告，一家旅馆的厨师每天下午六点把吃剩的面包屑倒在屋后的垃圾堆上，而每到下午五点五十分左右，便会有两只乌鸦立在旅馆的屋顶上等着他。叼到面包屑后，乌鸦并不急于吃掉，而是飞到附近的洛依沙赫河，立于水边，把干面包屑浸在水里泡松软了再舒舒服服地吃。一天，加米施镇的一位居民看到，其中一只乌鸦不慎将面包干掉到了水里，一条小鱼窜过来吞食，这只乌鸦不失时机地将小鱼啄住吃掉。鱼的滋味当然比面包干好，两只乌鸦受到启发，那以后每天都叼面包屑来"钓鱼"。

一位马术师曾向一位动物学家报告说，看到一只老乌鸦骑在他的赛马背上，用喙啄马背以使其奔跑，这只乌鸦能够自如地保持平衡，骑术高超。几只小乌鸦想学它的样子，却都"翻身坠马"。动物学家解释说，这是老乌鸦通过展示自己的经验和技巧告诉小乌鸦们，它是这个鸦群当之无愧的领袖。

如此聪明的动物竟使人们对它的智慧视而不见，原因何在呢？

还是让我们先看一看人们讨厌乌鸦的理由。首先无疑是它那浑身乌黑的羽毛给人以丧气的感觉，所谓"天下乌鸦一般黑"，这里的"黑"已经不再专指色彩了。再次则是它"哇哇"的叫声令人毛骨悚然，所谓"乌鸦报丧"，听到乌鸦叫被视作不吉利的征兆，它的叫声也不再仅仅是嗓音好坏的问题了。在人类中，那些外表或美丽或英俊的人，他们讲话的声音通常也都比较悦耳。丑陋的乌鸦嗓音糟糕亦属正常，而中国人又喜欢将乌鸦和喜鹊放在一起对比，乌鸦便成了那貌美嘴巧的鸟儿的"陪衬"，愈发惹人厌嫌了。

乌鸦名声不好的全部原因在于——它的丑陋！

乌鸦总体而言还是人类的益鸟，主食昆虫和腐败的动物尸体。奇怪的是人们此时置乌鸦的"益鸟"性质于不顾了，同声谴责，可见相貌的美丑对人类判断之影响何其巨大！

人类本来是很看重动物的智慧的，对于乖巧生灵有一种本能的喜爱。人类甚至创出许多关于美和丑的格言警句，但是，我们不难发现，人类总会不自觉地选择美的东西。毕竟，美是赏心悦目的。

可见，乌鸦的智慧被忽视，并不是人类有意为之。人类也懂得外表仅仅是一层皮，重要的是内在的东西。但是，人类爱智慧远远不如爱美貌，他们没有能力战胜追慕美色的本能，虽然他们自己也知道这种本能是低级的。

章鱼——性情温顺的"恐怖分子"

暗藏的致命危险总会因为昭彰的表面危险而被忽视，惨败更容易因为那些我们没有重视的敌人而招致。

真正见过章鱼的人并不多，我们大多从影视画面中见识这种长着八条长腕的海底凶神，而所有的导演和摄影师似乎都达成了共识，极力向观众渲染那些长腕的恐怖。

章鱼并非鱼类，而是属于软体动物中的头足纲，因为头部长有四对长腕，所以又称八爪鱼。章鱼栖息于海底，靠腕爬行或划行，以底栖的小鱼、虾蟹和贝类为食。我们脑子里都有这样的印象，一旦被章鱼的长腕缠住，便难以脱身了。而这一印象的得出，仍然缘于影视。其实，早在影视产生之前，一些著书者便已经强化这样的概念了。甚至连伟大的作家雨果也加入其中，在他的《海上劳工》一书中，就描写过人和章鱼搏斗的惊险场面，说章鱼的长腕能把人拖住，它的吸盘将人活活吸干，令人毛骨悚然。多少世纪以来，章鱼就这样成为人们心目中最可怕的海底凶神，居心险恶、诡计多端、血腥凶残，这些罪名都被加在了它的头上。

章鱼其实被冤枉了。

真正同章鱼打过交道的人士，几乎都一致认为以上的判断缘自偏见和臆造，毫无根据。英国潜水专家库斯托和久马，曾写作《寂静的世界》一书，他们说，所谓人被章鱼活活吸干的说法，纯属捏造。来自动物学家们的辩护更具说服力，他们认为章鱼对人类的最大危险只不过是给潜水兴员带来麻烦，将他们暂时"挽留"在水下，而只要斩断它的触手就可以解脱了。相反，章鱼对人类有许多好处。它的肉味鲜美，含蛋白质和脂肪很高，我国沿海居民常用它作为妇女产后生乳的滋补品。

章鱼——性情温顺的"恐怖分子"

我们经常看到影视中庞大的巨型章鱼,而动物学家证实说,能长到 50 千克的章鱼,便已经算是巨型章鱼了。

章鱼的恐怖被人们夸大了,但这一恶名的形成不会是空穴来风,无疑,它的那八条长腕太引人注目了,在动物界中独一无二。一只身粗不过 15 厘米的章鱼,腕手却可伸展达 8.5 米,这实在太不可思议了。人们对违反常态、自己不熟悉,或是无法理喻的事物,总会产生一种恐怖。

恐惧心态一经形成,不去探求、熟知,便也成为很自然的事情了。所以恐惧产生的深层心态是懒惰。而章鱼的冤屈,自然更难昭雪。

其实章鱼的腕虽长,却很细,末端犹如丝线。而且章鱼的性情可谓温顺,与进攻的技能相比,它逃避的能力更为突出。遇到敌人追赶时,章鱼借助身体上的漏斗喷水急速后退,避开敌人。它还能把自己的体色变得和周围环境的颜色一样,使敌人无法发现它。在极其危险的时候,它能像乌贼那样喷出墨汁,把水搅混,趁黑逃脱。当来不及逃跑时,章鱼甚至宁愿将被抓住的一条腕手自行弄断留给敌人,以保全性命。它的身体如同橡皮一样具有弹性,一条 30 厘米的章鱼,可以从直径只有 1.5 厘米的小洞溜走。为了活命,章鱼可谓"委曲求全"了。

然而,这并不意味着章鱼对人类没有危险,只不过它真正的危险之处不易被人发觉罢了。动物学家提醒人们注意,章鱼分泌的毒汁才是人类的大敌,即使是被人手大小的蓝圈章鱼咬一口,也会当场丧命。但是,我们哪里会注意到章鱼那用来喷射毒液的小孔呢?特别是当长腕挥舞的时候。

暗藏的致命危险总会因为昭彰的表面危险而被忽视,惨败更容易因为那些我们没有重视的敌人而招致。

蟾蜍——自招嫌恶者

被人类厌恶和远离，是蟾蜍的梦想所在，因为这种绝顶聪明的动物是深谙"红颜薄命"之道的。

蟾蜍俗称"癞蛤蟆"，很不讨人喜欢。它的外表丑陋，浑身疙里疙瘩，像是生着癞疮，所以人们管它叫癞蛤蟆。蟾蜍还有一个外号叫"大疥毒"，这是因为它那些疙瘩能分泌出一种有毒的液体，如果哪个动物莽撞地将它叼住，往往是还未及吞入腹内，便会被蟾蜍分泌的毒液弄得满嘴火辣辣的，仿佛被灼伤了，只能将它吐出来。

蟾蜍既丑陋，又无法食用，招人厌嫌便是理所当然的了。

蟾蜍的不幸还在于，它时常与青蛙相伴出现。同属两栖动物，同样生活在田地间以捕食昆虫为生，然而，青蛙是美丽的，是惹人爱怜的。蟾蜍在这里便成了青蛙的陪衬。我一直认为，人类对青蛙的推崇因为对蟾蜍的厌恶而加剧，而对蟾蜍的厌恶，又因为青蛙的存在而成倍增长。也许，左拉在创作中篇小说《陪衬人》的时候，同样受益于青蛙与蟾蜍的启迪。

人类对青蛙爱怜有加，奉为益友，对蟾蜍却敬而远之，避之唯恐不及。如果无意中踏到了路边的蟾蜍，人类会惊叫着跑开，自认晦气。连莎士比亚也把蟾蜍归入蛇、蝎一类的毒虫之列，在《理查三世》中留下这样的对白："再没有比这更毒的腐臭的蟾蜍了，我不要见到你，你会使我的眼睛倒霉！"而古代中国人则认为，蟾蜍是一种意欲吞吃月亮的动物，它的得志会引起天下大乱。显然人类对蟾蜍的厌恶已经发展到将其丑化为一个凶神的地步。

当蟾蜍被疏远的时候，自以为是的人类自然不会意识到，他们中了这个小生灵的计谋，一直在按着蟾蜍的意愿行事。

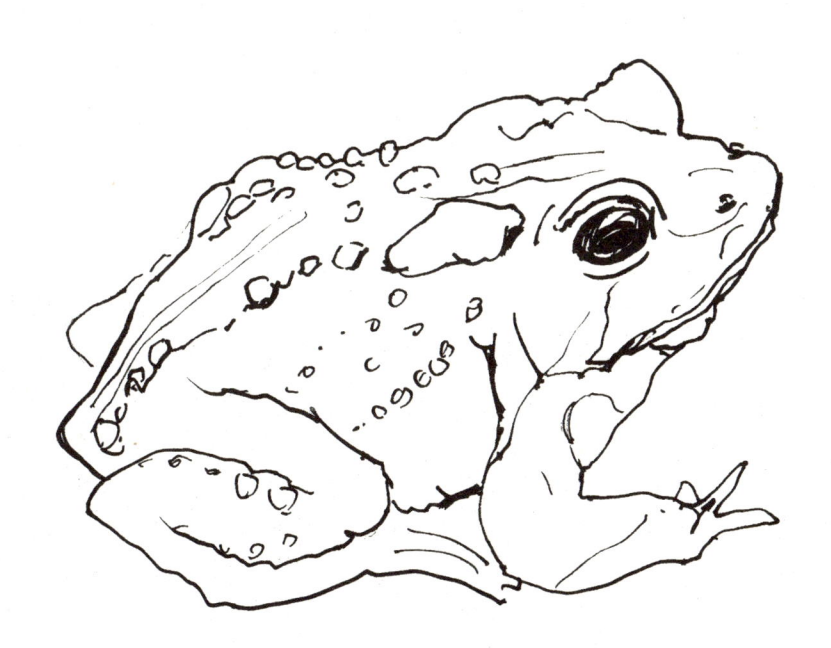

蟾蜍——自招嫌恶者

被人类厌恶和远离，是蟾蜍的梦想所在，因为这种绝顶聪明的动物是深谙"红颜薄命"之道的。

青蛙便是红颜薄命最典型的代表，与它们近在咫尺的蟾蜍将其命运看得一清二楚。人类称赞青蛙为"农田卫士""人类益虫"，但是，这根本无法阻碍人类撒下捕猎青蛙的大网。很多美丽的青蛙还是成为人类的盘中之餐，再能捕食害虫也改变不了被加之以刀俎的命运。倒是蟾蜍因为丑劣，而幸免于难。

抛开相貌的差异，蟾蜍其实远比青蛙更符合人类的理想。一只青蛙每年夏秋两季可以吃掉几千只害虫，而一只蟾蜍的捕虫量却是它的很多倍，每天都能让百余只害虫作为自己的美餐。蟾蜍默默无闻地在田间忙碌着，而当人类谈及"农田卫士"的时候，却不自觉地忽视了蟾蜍的存在。

蟾蜍还具有重要的医药价值，在入药方面同样远远高出青蛙一筹。我国第一部药学专著《神农本草经》便明确了蟾蜍的药学地位。长期以来人类采集蟾蜍耳下腺及皮肤腺的分泌物制作蟾酥，作为我国传统的名贵药材。

蟾蜍是带给我们利益的天使，但人类往往还是只谈论蟾蜍作为癞蛤蟆和大疥毒的惹人生厌之处，因为它的丑貌与毒液。

蟾蜍目睹了青蛙的厄运，早断了争芳逐艳之心，它甘于丑陋，以丑陋保护着自己，使人类免生非分之想。"癞蛤蟆想吃天鹅肉"这条俗语，凝结了人类对蟾蜍的蔑视，其实天鹅肉对于蟾蜍而言并非美味，人类生造出这么一句话来，透露出他们潜意识对丑陋的抵触，以及渴望不断有"红颜"出现供其观赏、占有的欲念。

人类对美的态度，往往就是这样的——据为己有，然后杀之、食之！

至少在青蛙和蟾蜍的国界里，"红颜薄命"揭示了某种社会准则。

观赏鱼——冷美人

我们喜欢谄媚者,却从心底叹服孤傲的观赏鱼。与三宫六妾的奴性相比,一位冷美人对帝王更具诱惑。"宠物原则"在这里发生了逆变——不谄媚成为获得娇宠的武器。

观赏鱼是人类家养宠物中一个很特别的组成。

成为宠物的重要先决条件是谄媚的技能。悦人的外貌,实用的效益,有助于使之成为宠物,但与谄媚相比较,都是微不足道的。谄媚的技巧和频率越高,便越会受到格外的恩宠,还能弥补其外貌的丑陋和实用性的欠缺,而外貌再美,再实用的物种,如果不会谄媚,也不可能成为真正的宠物。高超的谄媚性,略加上些美观性和实用性,便有望成为宠物。狗是这样的宠物,猫也是这样的宠物。

狗和猫通常都具有悦人的外貌,又分别有看家和捕鼠的实用功能。

但是，现在以狗和猫为宠物的人家，很少是看中它们的实用功能的，而更多的是因为它们会谄媚。狗和猫的谄媚技巧已广为人知，恕不多言。值得注意的是，一些丑陋的狗，正是因为其谄媚能力的高超而备受宠爱，人类称之为"丑往前走一步便是美"。

家养鸟的食用性很低，被训练来做各种杂役的鸟类，毕竟只是少数。鸟之所以成为宠物，除了依靠自身美丽的羽毛外，仍不可忽视其悦耳鸣叫的谄媚性质，至于鹦鹉的学舌和某些鸟卖弄的小聪明，谄媚的意图更是昭然若揭。

雏鸡一度可以成为宠物，因为它们浑身长满毛茸茸的黄羽毛，其奔跑啄食的可爱神态也引得人们发笑，这在无意中完成着谄媚。但当

观赏鱼——冷美人

它们长大一些,其不懂得谄媚的本性便暴露无遗,外表不再逗人喜爱,鸣叫成为刺耳的噪音,随处抛撒的屎尿掩人鼻息,便只余下被弃之角落,等待取蛋、宰食的实用性质,而与被娇宠无缘。

　　某些无论从哪个角度看都不可能成为宠物的动物,会被个别人奉为上宾。如肮脏、蠢笨的猪,毒辣、丑陋的蝎子,狠毒、狡诈的眼镜蛇,凶猛、贪婪的老虎和狮子,甚至于臭虫、屎壳郎、苍蝇,都有被奉为宠物的报道。究其实质,还是其谄媚功能在发挥作用,只是这种谄媚是以间接、隐晦的形式出现。它们成为宠物对绝大多数人来讲是无法理喻的,主人因此受到公众关注,甚至成为新闻人物。当这些糟糕的被饲养者带给它们的主人以声名时,其实已经在进行最高层次的谄媚了。

　　观赏鱼的例外在于,它们虽有美丽的外表,却不具备任何实用性和谄媚性,按照我们前面阐述的"宠物原则",它至少不应该享受像它已经得到的那种高层次的娇宠。人们对其投入相当大的热诚和精力,它们中的某些种类亦价值不菲。但是,它们发不出悦耳的鸣唱,游动的姿态与胖头鱼没有什么区别,更不可能成为盘中的美餐。它们是冷血动物,对于人类的娇宠从不做任何感谢和回报。当我们以脉脉含情的目光送去人类的赞美和敬慕时,它们很可能掉头而去,甚至抛给我们一些粪便。

　　观赏鱼无疑是宠物家族中最不识抬举的一族,总是以冷漠面对我们的宠爱。奇怪的是,它的宠物身份却有增无减。显然,观赏鱼完全凭着美貌,而不需要任何其他力量,便占据了人类的心。当它们旁若无人地游荡于静水中时,我们甚至会惊叹于那份高贵。它作为宠物的全部价值就在于其观赏性。观赏鱼的家园总是被布置得很美丽,人们

谋略型

细心地用假山、彩石、海藻来装点，进一步烘托它们的观赏性。

人类对观赏鱼的美貌沉迷到了这样一种境地：花费大量的精力对其优种进行杂交，演绎它们的美丽。今天游动于精美水缸中的许多种观赏鱼，与物种的自然演化无缘，完全是在人类操作下产生的。美貌，仅仅是美貌，这就足够了。如果我们据此认为观赏鱼在以它们的美貌对人类谄媚，显然有失公道，因为它们拒人千里之外的冷漠而高贵的仪态从来没有改变。

观赏鱼实在是绝对聪明的动物，当我们习惯于被其他宠物的谄媚包裹时，唯一的冷漠便具有撼人心弦的魅力。反省自身，人类也许会发现，在自己的潜意识里，甚至已将观赏鱼视作宠物中的贵族，它们像一个个高傲的公主，我们只有跪倒在它们的石榴裙下，俯首称臣的选择。我们喜欢谄媚者，却从心底叹服孤傲的观赏鱼。与三宫六妾的奴性相比，一位冷美人对帝王更具诱惑。"宠物原则"在这里发生了逆变——不谄媚成为获得娇宠的武器。

观赏鱼的技巧，便是最高品位的美人计——冷美人计。

鳑鲏——战略共生者

鳑鲏与河蚌的友谊，深一步说是一种合谋。

鳑鲏与河蚌达成了一项默契。

这种生活在中部欧洲河川中的鲤科鱼类，每逢生殖时节，雌鱼的输卵管会延长成一条长长的产卵管。它们游到河蚌身边，把产卵管插进蚌缝，在里面产卵。雄鳑鲏紧随其后，在河蚌的身旁射精，精子随水被吸进河蚌内，使卵受精。靠着河蚌呼吸时水流的进出，鳑鲏卵获得充分的氧，得以在这位"寄生母亲"的体内发育。一个月后，仔鱼形成，从暂时的寄生体内游出来，开始它们的独立生活。

河蚌对鳑鲏如此关照，曾令动物学家百思不得其解。不得其解却总得有个解释，而生物间建立起亲密关系的原因，不外乎这样几种：

第一，这种亲密关系是建立在亲情基础上的。但是，河蚌是软体动物，鳑鲏属鱼类，八竿子打不着，血缘与亲缘无从考证，我们没有理由到几亿年前的古生代为它们追溯缘分，所以亲情的解释难以成立。同样道理，性爱更不可能存在于它们之间。

第二，利益法则是诱使河蚌代鳑鲏"哺子"的原因。然而，我们实在看不出鳑鲏卵对河蚌有什么好处，与那些确切的共生动物不同，河蚌不可能从这种"代养"行为本身得到什么。

第三，可能是某种无法得知的恩情在起作用，河蚌的所作所为是在报恩。可是，无法确证的推测等于没有推测。

当我们否定了上面的三种可能，确认河蚌代鳑鲏"哺子"没有义务，也没有责任，我们便只剩下一个选择——友情。

果然，进一步的观察与研究揭示了鳑鲏与河蚌间的秘密，它们的确是一对好朋友，鳑鲏把卵产在河蚌体内，借助河蚌的帮助可以避免被其他鱼吞吃。而鳑鲏也给河蚌以帮助，幼体鳑鲏游离寄生母体河蚌的时候，正值河蚌的产卵期，河蚌把自己的"小宝宝"寄放在幼体鳑鲏的鳃腔中，委托它去照看。

问题是，在对友情的解释中，我们总是以"帮助"代替了"交换"，而忽视了，友情究其实质是一种建立在友好交换基础上的感情，当其以"帮助"与"被帮助"为主要内核时，赤裸裸的利益法则正被温情的面纱掩盖着，就如同河蚌与鳑鲏相互扶养幼子，是为了彼此都获得更多的生存机遇。报恩心理也同时存在其中，它是利益交换的另一种表现形式。

鳑鲏与河蚌的友情，是以互惠互利为基础的友情，这种友情应该被称作交易。

但友情总是会接受礼赞。

友情总是互惠互利的，不同的是，这种互惠互利有时针对的是双方的思想，而非可视的功利。

鳑鲏与河蚌的关系，往深一步说是一种合谋。

鸵鸟——探测危险者

人类哈哈大笑着嘲弄鸵鸟的胆怯与愚蠢，却不知道，真正愚蠢的其实是人类自己。

如果问一位儿童，鸵鸟是什么样的动物，他很可能告诉你两点：第一，它是不会飞的鸟；第二，遇到危险的时候，它把脑袋扎到沙子里，愚蠢到以为看不见危险，危险便不会降临了。

第二点回答，对成人的意义更大。"鸵鸟政策"这个词组产生的时间并不久，因为能够清醒地认识到自己面对问题时把脑袋扎到沙堆里的心态，必须先具备冷静、科学的自检能力，而这种能力不会为一个闭锁社会的成员所具有。

"鸵鸟政策"这个词组的出现，对于我们无疑是件很重要的事情。

只是委屈了鸵鸟。

鸵鸟——探测危险者

稍微动脑筋想一想就会发现，关于鸵鸟埋首于沙堆的说法是何等荒谬可笑。若真那样，不用等危险来到面前，鸵鸟已经被闷死了。

更何况，鸵鸟完全没有必要惧怕危险。虽然它的翅膀退化不能飞翔，但借助两条粗壮的腿，加上翅膀的助跑作用，鸵鸟的奔跑时速可达40~70千米，一步可跨出三四米，顺风时甚至能达到七八米。姑且置鸵鸟于沙漠中的"保护色"于不顾，仅因为它是动物界的奔跑冠军，便足以逃避任何敌害，又何必把脑袋扎到沙堆里自寻死路呢？

根据动物家介绍，鸵鸟意识到远在着，有时会趴在地上，把脖子在地面水平地伸出，仔细地感受地表的震动。一旦确信有猛兽袭来，它肯定比任何动物跑得都快。

对于鸵鸟的误解只能是这样形成的：当可能的危险接近时，

谋略型 | 77

人类比"奔跑冠军"鸵鸟跑得还要快,在他们跑到安全地带后,是否真的有危险还没有被证实,鸵鸟正趴在那里观察呢。这时人类回过头去看鸵鸟,又遥远得看不清楚,便想当然地认为,这种没有能力飞的鸟已惊恐地把脑袋扎进沙堆,采取了"眼不见为净"的态度。人类哈哈大笑着嘲弄鸵鸟的胆怯与愚蠢,却不知道,真正愚蠢的其实是人类自己。正因为人类潜意识里希望有一个沙堆可以扎进脑袋,才会产生这样的猜想,"以小人之心度君子之腹",用这种俗语界定人类此时的举动再确切不过了。

把脑袋扎进沙堆这样的蠢事,只有人类才做得出来。我们已经做了几千年,而且肯定还会继续做下去。人类面对枪口和屠刀的时候蒙起双眼,便是最为形象的"鸵鸟政策"。这种视而不见的心态已经深入到我们生活的每一个角落,正像人类对待垃圾一样,长期以来采取了掩埋的态度,仿佛看不到了,垃圾便不会对环境造成污染。

我们面对许多社会问题都感到手足无措,觉得无力应付,只有把脑袋扎入沙堆后,才会活得舒畅,却忽视了危险正如洪水猛兽般袭来。当我们不是采取迎接挑战的对策,而是选择回避的策略时,那发出挑战的一方其实已经在第一局中取胜了。好在我们今天终于开始坦然地面对这些问题,大张旗鼓地谈论这些曾经讳莫如深的话题,这便有了解决问题的希望。但是,欣慰的同时更大的忧患却在于,还有更多的危险仍是我们的禁忌,而最大的危险在于,谈论这些禁忌本身便是一个顽固的禁忌。

我们把脑袋扎到沙堆里,把屁股撅给了猛兽!

对鸵鸟的误解在某种意义上帮助了人类，"鸵鸟政策"烛照着我们的心灵。只是千万不要忘记：我们没有鸵鸟那样的奔跑速度，所以，逃命的唯一希望便是早些昂起头来，正视危险。

蛇——人类的先知

> 如果人类热爱智慧远胜于热爱享乐，我们就该对蛇顶礼膜拜，因为它是我们真正的先知。

最值得人类感恩戴德的动物便是蛇，但人类一直在诅咒它。

蛇向来是恶毒、诱惑的象征，最古老的依据是《圣经·创世记》中的记载，蛇引诱夏娃偷吃了禁果，进而殃及亚当，使这两位全人类的父母被逐出伊甸园，人类从此失去了富饶的家园，开始了苦难的旅行。这个最古老的故事也是最强有力的依据，因为上帝诅咒蛇与人类为敌，而人类的全部梦想在于重返伊甸园。

人类的俗语里没有美化蛇的词句，即使是中立者也极难寻觅。"蛇会蜕皮，本性不移""蛇不分粗细，坏人不分大小"，人们似乎真的不知道，有毒蛇只是蛇类中的一小部分；"杯弓蛇影""一朝被蛇咬，十年怕井绳"，关于蛇的恐惧被一代代人强化着。虽然《圣经》本质上是西方人的《圣经》，但中国人幻想出的"美女蛇"形象，却与伊甸园里的蛇做着同样的事情——诱惑。《白蛇传》里表面上被美化了的青蛇和白蛇，说到底仍以对男性的蛊惑而存在。

人类的忘恩负义在对蛇的态度上暴露无遗，他们将失去伊甸园的沮丧咀嚼到今天，却对更大的收获视而不见——蛇让他们吃的，分明是分辨善恶之树上的果子！在《圣经·旧约》"立伊甸园"一节中，"耶和华神吩咐他说：'园中各样树上的果子，你可以随意吃，只是分别善恶树上的果子，你不可以吃，因为你吃的日子必定死。'"神在这里说谎了，"始祖被诱惑"一节中，"蛇对女人说：'你们不一定死，因为神知道，你们吃的日子眼睛就明亮了，你们便如神能知道善恶。'"事实证明蛇讲的是真理，夏娃和亚当吃过果子并没有死，相反，"他们二人的眼睛就明亮了，才知道自己是赤身露体，便拿无花果树的叶子，为自己编做裙子"。

蛇使人类知道了善恶，把智慧带给我们。从此，人类不再是愚顽不化的了，我们开始思考，开始自省，开始面对未来。人类不是歌咏和礼赞智慧的吗？何以对启迪我们性灵的第一位导师加以诅咒？

因为我们被逐出了伊甸园。但这实在不能怪蛇。

《圣经·创世记·逐出伊甸》中，其实已将原因道明。"耶和华神说：'那人已经与我们相似，能知道善恶。现在恐怕他伸手又摘生命树的果子吃，就永远活着。'"耶和华神便打发他出伊甸园去，耕种他所自出之土。上帝怕人类永生，于是使人类失去了遍布黄金、珍珠、红玛瑙，到处都有可以随手取食的现成果子的美丽乐园，而不得不亲自去耕种，去劳碌。人类不甘心，全部的愤怒就这样被加到了蛇的身上。

重返伊甸园是人类永恒的梦想，人们对那里的富饶念念不忘，却不顾忌要以失去明亮的双眸为代价。人世间虽然有艰辛、痛苦和死亡，但也因此有了智慧，我们不是很看重耳聪目明吗？失去的伊甸园只是个愚昧的牢笼，我们得到的是整个世界，虽然这世界需要以我们自己的劳动去创造和完善。

我实在看不出失去了的伊甸园有什么值得留恋的，与安乐同时拥有的，将是无知。但愿我们不要真的"重返"。

如果人类热爱智慧远胜于热爱享乐，我们就该对蛇顶礼膜拜，因为它是我们真正的先知。

蜘蛛——动物界的姜太公

蜘蛛在阴暗的角落布下网,专门捕捉我们那些不为人知的小秘密。蛛网无处不在,我们要时刻小心着。

蜘蛛胃似动物界的姜太公。

当其他动物都在为了觅食四处奔波、角逐时,这位能依靠腹中排泄物撒下天罗地网的姜子牙,却静静地趴在角落处打瞌睡,等着食物自己送上门来。

蜘蛛的网很精致。不同种的蜘蛛所织的网,样子和花纹也常不一样,一般来说蛛网有五种,第一种是圆网,又称八卦网,网在一个平面上,蛛丝由中央向四周呈辐射状排列,中间再连以很细的横丝,最为常见。第二种叫漏斗网,形状像个漏斗,旁边还有一个丝质的管,供蜘蛛在网上行动时出入。第三种网呈三角形,叫三角网。第四种叫华盖网,把丝织成丝层,排于一个平面上,其他的丝不规则地向各方伸延。第五种网是呈不规则状向各方伸出的丝,叫不规则网。昆虫落在网上,

立即被黏住，而网的颤动会把信息传导给守候在旁的蜘蛛，这时，蜘蛛只需要不慌不忙地过来品尝一番就可以了。

蜘蛛的网多结在暗处，目前尚没有关于这种网具备某种诱惑性的研究报告，所以那些自投罗网的生灵，其行为完全是自主的。蜘蛛没有蛊惑它们，更没有引诱它们。如果它们不来，蜘蛛也不会把网结到它们的家门口。但是，总有一些小虫子扎到角落处的蛛网上，否则，蜘蛛也早就饿死了。

蜘蛛的取食方式可谓绅士，温文尔雅的，相形之下更昭彰了那些猛兽的贪婪与残暴。所以，人们总是对蜘蛛失去警惕，甚至会忽视它们也是肉食动物。对于以蜘蛛为天敌的昆虫来说，蜘蛛的残忍毫不比虎狼逊色。

那些面对面向冲过来的猛兽，我们会以百倍的警觉对付它们，而那些在暗处布下陷阱的敌人，我们往往忽视它们的存在，其实，暗处的敌人才是最阴险的。

冒似没有诱饵的网，其实利用了生物一个最大的弱点——哪个生物个体都有可以击垮它的"软肋"。蜘蛛在阴暗的角落布下网，专门捕捉我们那些不为人知的小秘密，而生活在这个世界上的物种，谁又会没有自己的"角落"呢？太阳照着我们，阴影的存在原本是很自然的事情，并不足以影响我们的名誉和我们生存的尊严。当我们飞累了，甚至会从自己的秘密领地里找到一份安慰。然而，偏偏有这诡诈的蜘蛛，专事于对隐私的捕捉。

每天都会有二三十只昆虫投到同一张蜘蛛网上，这完全是因为，没有人能够总是成功地回避和放弃自己的"角落"。

蜘蛛向落入蛛网的昆虫飞快地爬过去，第一件事情便是排出丝将它缠住，随后从头胸部最前面的附肢里分泌出毒液。待完全控制了对手，蜘蛛就可以坐在那里，大嚼特嚼了。吃饱喝足，蜘蛛将网修补一番，等着下一个来者。

全世界有三万五千多种蜘蛛，最大的是澳大利亚巨蛛，体长半尺多，十分凶猛，而最小的蜘蛛只有米粒大，但它们于角落处捕食的共性是不变的。一些格外歹毒者如穴居狼蛛、红斑黑毒蛛等，如果谁不小心碰坏了它们的网，它们便会狠狠地将其咬伤以示报复，而毒性发作，即使是一头牛也难以活过四个小时。一旦落入那张暗处的网，即使是鸟类，也会被捆住手脚，填饱蜘蛛的肚子。

暗处的网让我们也不胜防，与这相比，虎、狼的行径倒显出美丽了，它们将同对手的竞争放在阳光下进行,公平,公正,像双方都拿着剑的决斗士。

蛛网无处不在,我们要时刻小心着。

声称"愿者上钩"的姜太公,其实早已经在那里等着周武王了。

沙丁鱼——严密社会组织的建构者

沙丁鱼保护种群的措施，最终在人类这里便利用来灭绝种群。

鱼类是否有社会性，曾是鱼类学家争论的话题。1950年起，以美国一些学者为首，对鱼类的社会行动进行了研究。研究结果表面，鱼类像其他动物一样，也有其社会性。

除了翻车鲀和鲨鱼等终生孤独的鱼以外，鱼多数会集群，有的是终生成群，有的则是在生命中的某个时期集群，如产卵集团、索饵集团、越冬集团、洄游集团等。

在海洋里的鱼群中，沙丁鱼是统制性最强的集团，它们严密的社会组织让人类叹服。沙丁鱼是终生成群，而且有条不紊。据鱼类学家观察，它们在洄游时排成整齐的队伍，在不同年龄的混合群体中，还会按年龄列队，年龄大的在下方，年龄小的在上方，鱼与鱼之间的距离，大致相等,并全部朝同一方向活动,从不争先恐后,犹如训练有素的仪仗队,浩浩荡荡,格外雄壮。在大小不一的群体中,为了照顾小鱼,它们总是把集团行动的速度减低到中等鱼的一般巡航速度,使小鱼能够在长距离的同步移动中不致于掉队。沙丁鱼群这种扶老携幼的体制很讲究"人道",每个个体的利益都被充分考虑到了。

要保证群体的步调一致,鱼群必须有首领制和信号的传达机构。

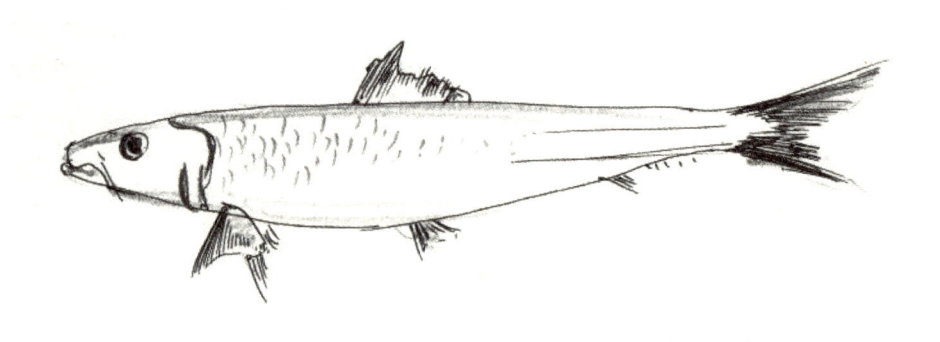

鱼类学家经过长期研究后证实,鱼群没有长久的首领,而是在同群鱼中交替地变换首领,即游在群体最前面的鱼就是当仁不让的首领,首领是否能够成为首领,全看它是否是鱼群中游得最快的,是否有资格带领整个群体的前行。一旦它落后了,便自然地退隐,不会有政权更迭时的种种见血或不见血的争斗。更奇妙的是,作为首领的鱼往往有不同的颜色标志,而这颜色特征会在其首领地位失去时自然消失,使其复归于平常,不留一点痕迹,不享受一丝特权。

沙丁鱼的社会应该说具有理想的形态，但是，为了保持群体的秩序，首领的旨意仍不得不以声音、视觉、嗅觉、味觉和听觉等整个感觉器官去传达。所谓视觉传达，就是利用身体、头、鳍、筋肉和体色，把各种信号互相传递，不得已时，甚至使用威吓、争斗、服从、诱惑等手段。对于不服从的个体绝不手软，它们往往落得被鱼群抛弃的命运。因为个体的背叛可能会毁掉一个整体。

沙丁鱼结成如此庞大的集团，以群体的面目出现，对于某些敌害具有一定的威慑力。另一层考虑是，如果遇到过于凶猛的敌人，也可以靠损失掉少数而保存多数。群体的目的是为了每个个体的利益，同时，种群的利益又高于个体的利益。

人类研究沙丁鱼，最终未能真正体会大自然想要昭示给我们的道理。人类现实到只关心捕鱼方法的完善，也就是如何能捕到更多的鱼。庞大的沙丁鱼群加上它们的趋光性，使人类欣喜若狂，一次便捕获几十吨沙丁鱼成为平常的事情。沙丁鱼保护种群的措施，最终被人类利用来灭绝种群。

大量的捕杀使沙丁鱼罐头遍街都是，而且里面拥挤不堪。当我们习惯用"沙丁鱼的罐头"来形容所居空间的拥挤与窒塞时，却忽视了真正的沙丁鱼社会是井然有序的。

我们把许多东西都弄得走调儿了。

欺世盗名型

- 93 熊猫——和蔼可亲的凶残者
- 98 豺——靠偶然机缘获取美名的恶人
- 101 狼獾——动物界的强盗
- 104 狗鱼——祸害活千年
- 107 蝉——伪君子
- 110 杜鹃——被人类赞美的杀人犯
- 114 鸽子——虚假的和平使者
- 117 对虾——名实相违的夫妻
- 120 山羊——带血腥味的素食者
- 123 雁——背道而驰的迁徙者
- 126 鹦鹉——随声附和者
- 130 接吻鱼——名不副实的恋人

熊猫——和蔼可亲的凶残者

被公众视为"温良恭俭让"的熊猫，其实是最凶残的动物，而且很是歹毒。其危害性因为其在公众中的美好形象而隐蔽了。

在生物种群的划分中，熊猫属食肉目，猫科。今天在动物园里被人们以美妙的名字冠之的这种动物，慢吞吞地爬着，温文尔雅地啃食竹子，喝着牛奶，但是，在几十万年前，熊猫是非肉类不吃的，而且只吃自己捕获的猎物，嗜血成性。它本可以奔跑得很快，但其懒惰的本性即使在捕食时也显现出来，它只去选择那些比它行动更慢的弱小动物，而倦于与奔跑者角逐。当大自然处于相对原始的状态中时，熊猫这样的生物的确有它们广泛繁衍的沃土，它们遍布在这个星球上，任意游荡在原始的树林里，它是最懦弱和最蠢笨的猛兽。

所有的生物种类都在优胜劣汰中进化，奔跑得更快，更加凶猛和机智。熊猫拒绝改变，它仍是慢吞吞的，相信总有弱小的美味在等着它。但是，可以供它捕食的物种在生存竞争中一点点灭绝，熊猫有一天不得不面对这样一个事实——它可以得到的食物太少了。以它的品性，完全有理由成为像老鹰那样专等着吃腐败的尸体，但它又没有老鹰那敏锐的目光和超强的飞翔能力。按照生物进化的法则，下面一个应该绝迹的动物便是熊猫了，这才公平，才合理。（希望动物保护主义者不要据此责怪我）但是，懒惰者自有懒惰者的福气和法则，与那些"士可杀而不可辱"的动物不同，熊猫对自己说："留得青山在，不怕没柴烧。"于是，它背叛了祖辈的食肉准则，开始吃植物。体内的生物

机制决定了它不可能对太多的植物发生兴趣，其目标便只固定在竹子等少数物种上，同时仍流着口水寻觅吃肉的机会，它成了杂食动物。即使如此，也未能彻底改变熊猫的命运，大自然按着自己的进化法则选定甘为弱者的生物来淘汰，熊猫的数量在迅速减少，那几乎遍布所有森林的时光一去不复返了，它只能凄楚地固守在少数最原始的、进化之风难以吹进的保留地，朝不保夕。

这时，人类来了，人类的眼睛在看到熊猫的瞬间明亮起来：这胖乎乎的家伙是什么东西？它憨态可掬，善良厚道；举止斯文，像绅士一样在那里踱步；它的面孔似乎总在微笑着，和蔼可亲；它的皮毛纯净，非黑即白，像孩童般纯净的心；它爬行如此缓慢，数量如此稀少，在残酷的自然界中处于被同情的弱者地位。人们立即喜欢上了它，将其列为最珍贵的物种，称其为"活化石"，视作种种美好心态的象征，令其登堂入室，尊为高宾，甚至作为国际交往最珍贵的礼物。每一只幸存下来的熊猫都被登记入册，少数被迎进动物园中，享受最优良的待遇。每一只小熊猫的诞生都成为国际媒体报道的对象，它的名字被人们烙印在心中。人类这个自视清高的物种，还从来没有给予哪一种动物如此高的荣耀。而这一切，很大程度上是基于熊猫的种种"可爱"。

不是没有学者阐述科学的真谛：熊猫是一种危险的猛兽，随时可能伤害人类。但是，人们对熊猫的警惕甚至不如对一只苍蝇。

于是，有了种种发生在大熊猫保护区的惨案：熊猫突然显现野兽的本性，追逐一位记者，并将其吞食；熊猫袭击科学考察人员，凶狠地咬断他的腿；熊猫闯入村寨，在村民们的惊愕中咬死、拖走他们的牲畜。此时，熊猫那温良恭俭让的落落仪态荡然无存，许多目击者甚至无法相信吼叫着的凶猛野兽就是我们的"国宝"。探险者曾在熊猫留下的粪便中发现人的毛发和指甲，曾亲眼目睹雄性熊猫为争夺配偶进行的血战，曾拍下熊猫追逐人类的狰狞面目，动物园里也发生过饲养员意想不到地被熊猫咬住手臂撕扯下一块肉的惨状。

与熊猫相比，我倒更欣赏老虎、豺狼等猛兽，它们从不掩饰自己的野蛮，人们可以提防它，从而处于平等对峙状态。熊猫则狡诈得可以，获取人们的信赖后，再偷偷地展示它们的尖牙利齿。

我很奇怪媒体为什么对熊猫的另一面讳莫如深，更无法理解那有限的深刻报道何以被人们忽视，这忽视也许不是有意的，而是某种潜意识在起作用。

也许，熊猫在绝大多数的时候还是温顺的，我们便可以对其野蛮的一面视而不见；也许，我们需要一种具有完美象征意义的生物来寄托我们的情感，实在不忍心对熊猫的"完美"进行破坏；也许，熊猫是我们塑造起来的一个美好形象，毁掉这一形象会被视作自我嘲弄；可能性最大的一种"也许"是：我们已经习惯于几十年来加给熊猫的种种赞美之词，它的完美无瑕已经成为我们心中根深蒂固的一个情结，我们潜意识中的所有意象都已组合起来，本能地反抗对熊猫的任何一种微词，抵拒着敌视情绪进入我们的意识。

这最后一种推理似乎是难以理解的，却是我最为担心的：一个习惯于"接受"，而疏忽于独立思考与判断的民族是可悲的，一个接受了某种概念便拒绝改变、拒绝以更科学的面目调整的民族是没有希望的，而如果这个民族对那些个别的不同之见不仅视而不见，还要加以打击，那么这个民族更是危险的。

　　熊猫仍是一种美好的动物，只是我们应该持唯物主义的态度看待它。

豺——靠偶然机缘获取美名的恶人

> 豺性情凶猛，善于发挥集团作战的优势，它们的智谋在于两个字——哄骗。

豺和狼这两个字常被放在一起使用，即豺狼。以至于许多人都将豺混同于狼了，其实豺是一种犬科动物，个体比狼小。中国古人将它列为"豺狼虎豹"四凶之首，可见豺是很厉害的。

豺的性情凶猛，它们善于发挥集团作战的优势。在豺的生活区里，几乎没有什么动物能与它们匹敌。豺经常五六只或七八只，甚至超过10只一同出没。如果虎坚决与它们争食，一场激战便开始了，最终多半是两败俱伤。在印度便发生过虎豺激战的场面，每次都是虎被咬死，豺被咬伤数只。所以后来便出现了"虎豺共生，互相利用"的场面，当虎吃东西的时候，豺群耐心地守在一旁，而老虎每次也都留下些肉给豺们。在相互呼应和配合作战上，豺群更胜狼群一筹。不过如果是一对一地格斗，豺将败于豹子和熊，毕竟，它们体格相差过于悬殊了。

有意思的是，人类对这种四凶之首没有任何微词，相反，却颇多溢美。我国民间称它为驱害兽保庄稼的"神狗"，能抑制野猪等食草动物的过度繁殖，对农业有保护作用。然而，野猪并不是豺的专用餐，许多猛兽都以捕食野猪为乐，何以豺就成了"神狗"呢？

猎人们忌讳捕豺。一位科普作家在自己的作品中写到，这是因为豺的存在能够维持大自然的生态平衡，然而，哪种动物不是大自然中食物链的一环呢？

还有一个更神奇的传说，认为豺会暗中保护行人的安全，使他们免受恶兽之害。尤为离奇的说法是，当豺发现人在山地露宿后，便悄悄地在人的周围撒几滴尿，凶禽猛兽闻到这股尿味就会立即逃之夭夭。

人类莫非是被豺的几滴尿圈住了，从而使豺的凶猛变成了勇敢？

毋庸置疑的是，豸和许多猛兽一样，都不会主动攻击人类。我们完全可以作这样的合理推测，在一个偶然性极强的场合，某只豸曾有意或无意地保护或救助了人类，于是，关于豸的种种溢美之词就这样来了。

对豸最大的夸奖，莫过于称它是一种会飞的兽，专吃凶恶的老虎。至此，豸真的要成神了。

豸其实是靠偶然机缘获取美名的恶人。如果它撒尿的举动属实，便是牺牲小利而博取美名者。豸的全部智谋在于两个字——哄骗。

狼獾——动物界的强盗

狼獾可以攀高、挖洞、游泳，具备在最恶劣环境中生存和捕食的能力，但是，它将自己的全部才干用在抢掠别人的财物上。

以狼獾的聪明、勇猛和顽强，它完全可以成为最出色的捕猎者。但这种外表似狼又似獾的动物，却将自己的全部才干用在抢掠别人的财物上。

人们很难看到狼獾自己捕猎，它总是在抢劫人类和其他动物现成的猎获物。

一只狼獾可以破坏一个猎人整个狩猎季节的活动。它跟踪猎人的行迹，吃掉猎人布下的诱饵却毫毛不损，如果已有猎物被捕获，它总会趁猎人到来之前吃掉它们。有时，狼獾甚至连猎人的网也不放过，照样吞下肚去。如果猎人的运气好，将自己的猎物拿到手，狼獾会在后面悄悄跟踪十几里甚至几十里路，以非凡的耐心和勇气等待猎人的疏忽，偷走猎物。狼獾往往是成功者，被它盯上的猎人总有休息的时候，不论猎人将猎物隐藏得多么巧妙,放置得多么难以触及,总会在狼獾的聪明面前自叹不如。

狼獾同所有邻居的关系都不好,每一种动物都是它掠夺的对象,它甚至能从山狮、狼手里抢夺食物。25千克左右的成年狼獾,可以击败体重为其10倍的黑熊,所以许多个头比狼獾大的动物,面对它的挑衅也宁可"以粮食换性命"。在冬天,山猫成为狼獾的盯梢目标,因为这种动物善于捕食兔子,而兔子又是狼獾的美餐。当山猫出击的时候,狼獾往往已经在暗处旁观了,只等山猫得手,它便会堂而皇之地出来索取,山猫往往只有拱手相让的份儿。

狼獾的无赖行径还表现在一旦得手,它总是就地吃掉,食物的原主就在不远处眼睁睁地看着,发出无奈的嚎叫。狼獾却十分坦然,吃得理直气壮,仿佛那食物原本就是它的。只是当面对人类的时候,狼

獾才会拖走抢来的食物，另觅餐厅。因为，人毕竟难对付一些。

　　大灰熊是唯一可以使狼獾的抢掠受到阻碍的动物，面对这种大型猛兽，狼獾不敢莽撞。但是，顽强的狼獾绝不放弃，它不断在大灰熊的身边骚扰，使它无法正常进餐。长期僵持的结果是，大灰熊认输了，分一条猎物的腿给狼獾，求得平静。

　　狼獾的窝也是抢占别人的，它从来不自己建造家园，总是将弱小的动物赶离家园，据为己有。

　　狼獾可以攀高、挖洞、游泳，具备在最恶劣环境中生存和捕食的能力。但是，它还是只抢别人的，它一定在想：我虽然可以捕，却就是不捕，你捕的就是我的，我拿来吃就是了。然后，一旦食物到手，狼獾表现出强烈的私有观念，它们用分泌液标明食物的归属，即使同类也不能靠近。狼獾仿佛在说："我的就是我的，谁也不许碰！"

　　这便是强盗的逻辑。

　　对于猎人来讲，捕获狼獾，是最具乐趣的狩猎。

狗鱼——祸害活千年

狗鱼凶残、诡计多端,再加上长寿,就成了"祸害活千年"的活标本。

"祸害活千年"这句俗语,在狗鱼身上可以得到科学的验证。

许多鱼类学家认为,狗鱼是寿命最长的鱼类。欧洲1558年出版的故事书《皇帝与狗鱼》中记载,有人曾于1497年在符腾堡湖捕到一尾狗鱼,鳃盖缚着一个铜环,注明是佛利特立克二世于1230年放入湖中的,由此可知这条狗鱼至少已经活了267年。但是,也有学者认为这些资料不足为据。

另一份资料显示,1610年,有人在马斯河捕获过一条带有铜圈的狗鱼,鉴定其年龄为162岁。在英国,18世纪和19世纪出版的博物史中,也记载有200岁以上的狗鱼。

不管具体寿命可及多长,毋庸置疑的是——狗鱼是一种极长寿的鱼类。

另一方面,狗鱼又被称为"内河鲨鱼",足见其凶残的程度。

狗鱼生活在江河支流或湖泊中,在我国东北的黑龙江、松花江、乌苏里江和兴凯湖,都盛产这种鱼类。狗鱼长着长长的嘴巴,圆圆的身躯,因为它在水中游泳时胸鳍和腹鳍轮流摆动,像一只奔跑的狗,故而得名。它的个体较大,最大者超过 50 千克,相当于一条大狼狗。更有甚者,狗鱼不但外形像狗,性情也和狼狗一样凶恶残暴,更使其名副其实了。

狗鱼的口中长满犀利的牙齿,特别是口盖上三行平行排列的尖齿,向喉部方向倾斜,这些牙齿是活动的,可以卧倒,能帮助吞咽食物。它捕食鱼类时,先把鱼横咬在嘴里,然后狼吞虎咽地成条吞下。它非常贪婪,肚子好像永远吃不饱似的。据鱼类学家观察,它每天要吃下

和它体重相等的食物，食欲之大，消化之快，在鱼类中是极少有的。它不但捕食水中的鱼类，还袭击水禽、水鸟和水栖哺乳动物。产卵期间的雌性狗鱼，更加疯狂，连追求它的雄性有时也会成为它的腹中餐，而那些尚未成形的后代，更难免落入它贪婪的肚子里。

狗鱼不仅本性凶残，而且诡计多端。它捕捉食物有两种方法：一种是伏击战术，把身体潜伏在水草或岩石间，一动不动地观察前方，待食物进入它的埋伏圈时，便闪电般出击，迅速将对方擒获；另一种是浑水摸鱼战术，它在浅水水域慢慢地顺流而下，并用力摇动尾鳍，搅起水底的泥尘，把水搅浑，使穿过该水域的鱼无法觉察它，不知不觉中成为它的盘中餐。

但凡事都有两面性。狗鱼的"凶残"，可以理解为骁勇；它的"狡猾"，可以解释为"聪慧"。这样一来，那"祸害活千年"的贬义也自然变成了"寿比南山"的美意。

然而，没人作如上的想法，狗鱼的名声仍然很臭，提起来便让人嗤之以鼻。

与它的名声相反，狗鱼的肉味却十分鲜美，口碑甚佳，为理想的美味。于是便有人提议养殖这种"凶残"的鱼类，这样一来饲料就成了问题，自然不可能用面包渣之类"素食"来对付狗鱼的胃口，而是要喂之以鱼的。以鱼喂鱼，似乎有违常理，但美食家们提出，可以用一些营养价值低的小鱼去喂养狗鱼，以换取它的高蛋白。　　总觉得这设想有些不对劲儿的地方，人类在这个饲养过程中扮演的角色，岂不是比狗鱼更"狗鱼"了吗？

未见到有关养殖狗鱼的进一步报道，但类似性质的事情却时有耳闻。

蝉——伪君子

> 餐风饮露的背后竟是富足的美餐，许多外表清白之士，本质与蝉如出一辙。

蝉被认作餐风饮露便可以填饱肚子的昆虫。

刘向在《说苑·正谏》中写道："园中有树，其上有蝉，蝉高居悲鸣饮露，不知螳螂在其后也；螳螂委身曲附欲取蝉，而不知黄雀在其旁也。"东汉赵晔在《吴越春秋》中说："秋蝉登高树，饮清露，随风挥挠，长吟悲鸣。"虞世南则有《咏蝉》："垂緌饮清露，流响出疏桐。"李商隐的《蝉》则更进一步："本以高难饱，徒劳恨费声。"王沂孙的《齐天乐·蝉》词，全首都是写蝉，其中说："铜仙铅泪似洗，叹携盘去远，难贮零露。"周振甫的《诗词例话》中有汉武帝在长安造铜人捧露盘来承受露水的记载，这个典故也在于咏蝉。

只吸风饮露，不食人间烟火，这是何等超凡脱俗之举，有不食周

蝉——伪君子

粟的隐逸，可类比卧流枕石的雅举，与贪恋酒色之徒形成了鲜明对比，于是，蝉成了清高之士的象征。有诗为证：

"居高声自远，非是藉秋风。"（唐·虞世南《蝉》）

"露重飞难进，风多响易沉。无人信高洁，谁为表予心。"（唐·骆宾王《在狱咏蝉》）

骆宾王于《在狱咏蝉·序》中也写道："有仙都羽化之灵姿……吟乔树之微风，韵恣天纵。"

但是，昆虫学家的观察和研究却使蝉的文学形象受到损伤。

蝉并不饮露，它长有细长的口器，像植物的筛管，用来吸食树液。无论是在地下度过漫长岁月的幼虫还是冒出了地面进行交配和产卵后便死去的成蝉，都是靠吸食树液活命的。古人观察不细，只见吸食液体的口器而未见吸食树液的事实，便想当然地误认为蝉是饮露水为生的，又被骚客文人们以讹传讹了。西方也有蝉爬出地面后不吃不喝的误解，但这些只要解剖蝉的肠胃，便可以推翻。树液的主要成分是碳水化合物和水，因此蝉必须大量吸食，才能饱餐一顿，于是成为树木的害虫。

餐风倒是事实,但远非人们想象的那么一尘不染。

空气中含有五分之四的氮,氮可以合成蛋白质,而完成这项任务的,是某些细菌。科学家曾经把窝藏在蝉体内特别器官里的细菌加以培养实验,证实了这些细菌能够固定氮,把它转化为蛋白质。所以,蝉富有丰富的蛋白质,一只肥实的蝉,其营养价值胜过1万只苍蝇,难怪它会成许多鸟类的热衷食品。

餐风饮露的背后竟是富足的美餐,许多外表清白之士,本质与蝉如出一辙。

杜鹃——被人类赞美的杀人犯

这种妇幼皆知的益鸟竟然是十恶不赦的杀人犯，仅仅因为它捕食害虫，人类便用"有用"的法则代替了道德、司法的律条，为它献上美好的礼赞。

杜鹃又名布谷鸟，连四五岁的小孩子都知道，它们是所谓的"益鸟"。然而我们因此有理由对人类判别善恶的准则提出质疑，因为杜鹃实际是鸟类中臭名昭著的"杀人犯"。

在本书下册《老鼠》一文中，我们提到，"四害"是人类的"四害"，而不是其他物种的"四害"。每一种生物存在于这个世界上，都既有天敌，同时又充当其他某个物种的天敌，这便构成了人类所说的生态平衡。但是，那些对人类无益而有害的物种，我们是恨不能灭其种族而后快的。即使是最坚决的动物保护主义者，也不会为老鼠、苍蝇、蚊子、臭虫说情。从来没有哪一种生物像人类这样成为如此众多物种的"害虫"，因为当人类破坏大自然的时候，我们已经是整个星球和大自然的天敌了。

杜鹃——被人类赞美的杀人犯

　　凡是伤害了我们利益的，便是"害"；凡是有助于我们利益的，便是"益"，这便是人类判别物种善恶的唯一准则，而不去考察这种生物本身的品质，以及它们对于其他物种的利弊。人类"为我所用"的独断与专横，使自己在杜鹃这里成为歹徒的帮凶。

　　杜鹃不具有哺育后代的基本母性，当其他生物以慈爱之心呵护、哺养自己的雏仔时，它们却在实施阴险恶毒的计谋。

　　杜鹃从不做窝，也不会孵卵，更不会育儿，它们以欺诈和残杀的卑劣手段，选择了"托养"的方式。雌杜鹃在即将产卵的时候，暗中寻觅柳莺、斑鸠、画眉、山雀等鸟类的巢，一旦发现这些鸟正在孵卵，便环伺于旁，待它们外出捕食时，便把自己的卵产在它们的巢里。杜鹃卵和这些鸟卵的卵形、颜色相近，不易被察觉。狡猾的杜鹃仍担心露馅，"无毒不丈夫"，索性取走一枚巢中原有的卵，或弃于荒野暗河，或啄开食用，使得主人更难觉察。

可怜那些一无所知的父母，每天仍怀着一颗慈爱之心，精心地孵化自己杀子仇敌的子嗣。而杜鹃卵比柳莺、斑鸠等鸟类孵化得都快，早早地便从壳里挣脱出来了。这些幼仔秉承着它们母亲的凶残，为了避免有人与它们争食、争宠，趁"养父母"不在的时候偷偷地将它们的亲生卵挤出巢去，摔个粉碎，一条条即将诞生的小生命就这样被扼杀在摇篮里了。那些侥幸得以出壳的鸟，也根本无法和远远强壮于它们的雏杜鹃抗衡，父母们千辛万苦寻觅回的食物，都被这些闯入者夺去了。雏杜鹃长出绒毛之后，个头就要比"养母"山雀、柳莺大得多了，哺养之恩已被它们丢到脑后，当幼小的"养母"叼着青虫回来喂它时，雏杜鹃会大张着口，试图将"养母"一同吞入腹中。可悲的柳莺、斑鸠、画眉和山雀，它们竟辨别不出亲生子和这些仇敌的区别，照旧辛勤地喂养着。

雏杜鹃长到羽毛丰满，能够独立觅食之日，便抖一抖翅膀，头也不回地飞走了。当它们到了繁殖的季节，又会以同样的方法欺凌柳莺、斑鸠等鸟类的无知和善良。

杜鹃每年平均产卵 2 到 10 个，每个卵都被产在不同的巢窝里，这就意味着，杜鹃每年要毁掉 2 至 10 窝其他鸟类，残杀数十个生灵。

按照人类加诸于自己同类的法条，杜鹃犯有欺诈罪和超级谋杀罪，而且谋杀的对象是手无寸铁的无辜儿童。

杜鹃十恶不赦！

然而，十恶不赦的杜鹃竟成了妇幼皆知的益鸟！仅仅因为它们每天能够为人类捕食150多条庄稼的害虫,是一般鸟类捕虫量的数倍。其他鸟类不敢捕食的尺蠖、松毛虫等有毒素和刺毛的昆虫,凶狠的杜鹃亦所向披靡,无所畏惧。

于是,美好的礼赞向杜鹃飞来,人类将它们画到纸上、写入诗中。"布谷鸟是人类的好朋友",这样的教育从我们幼小时便被灌输,"有用"的法则代替了道德、司法的律条,我们对此从未怀疑。

我们是杜鹃的帮凶,同时又在屠杀着我们自己的良知,而这一切,完全是因为物质的诱惑。

鸽子——虚假的和平使者

鸽子对和平的尊重远不如虎、狼，从某种意义上讲它甚至是凶残的，这已经成为对和平鸽所寄托的理想的最大嘲弄。

20世纪50年代初，一位叫毕加索的西班牙人创作了一副题为《鸽子》的石版画，这幅应世界和平大会的号召而创作的作品，使鸽子的白色羽翼上从此被寄托了全人类对和平的期盼。

和平鸽的翅膀在全世界和人类心灵的天空飞翔了将近半个世纪，然而人世间争战的枪炮一天也没有停息过。

我一直未能找到人类选定鸽子象征和平的解释，却在著名鸟类学家康拉德·劳伦茨博士关于鸽子的著述中读到了触目惊心的记载。劳伦茨博士曾将一只雄斑鸠和一只雌鸽放进同一只笼子中，当他外出回来后惊讶地发现，那只斑鸠可怜巴巴地匍匐在笼子的一个角落，背上的羽毛已被雌鸽啄去大半，正滴着鲜血。而雌鸽这时仍在有节奏地啄

鸽子——虚假的和平使者

着雄斑鸠，看来不将羽毛啄光是不会罢休的。劳伦茨博士指出，假如将两只狼关在一起，那么它们即使厮打也不过是小打小闹，而不会将对方置于死地，这种情况在狮、虎、豹等猛兽之间也能看到。

鸽子对和平的尊重远不如虎、狼，从某种意义上讲它甚至是凶残的，这已经成为对和平鸽所寄托的理想的最大嘲弄。

鸽子成为和平的象征实在是难解之谜。和平不仅仅意味着素食，许多食素的动物也抢掠成性；白色代表纯净，但同时也象征着惨淡；鸽子软弱的翅膀并不能承载让和平腾空而起的使命；当信鸽被用于战争，它是不会对这战争的正义与否作出判断的，而只能听任自己的羽翼被鲜血沾污。

毕加索一定也意识到了这些，紧随《鸽子》之后，又分别创作了

欺世盗名型

题为《战争》与《和平》的两幅作品。在《和平》中，这位伟大的画家以寓意的手法表现了一个家庭的爱与生活——一个儿童，驱赶着一匹套着犁的飞马，它象征和平，飞马前面有一些裸体舞蹈者，那几个表演舞蹈的人虽然很平稳却暗含着颠覆；还有一个人举着一根杠杆，一端放着一个内装燕子的金鱼缸，另一端则是装了鱼的笼子。毕加索通过事物的颠倒表明和平并不容易维持。在这幅画中鸽子不见了，有的只是随时可能蒙受灾难的预言。

　　动物学界已经接受这样一种观点，那些较为高等的野兽有一种内在的本能，不会用自己尖利的爪牙去对待同类，因为那样只会使它们两败俱伤。而恰恰是那些低等的、弱小的动物，由于不具备抑制残忍行为的能力，反倒会热衷于残害自己的同胞。

　　凶残源于自私的本能，不懂得群体的利益，不懂得更高层次的竞争。低智能者的竞争手段是暴力，而高智商的竞争是思想与技术的角逐。自以为高明的人类其实尚未走出最原始的犬牙相搏。

　　人类进化的历史已经形象地说明，愚昧时期的后面是野蛮时期，最后才是文明社会。与和平一起到来的，将是政治、文化、经济共同的大繁荣。建立真正的文明与繁荣的同时，便也建造着和平。

　　和平不是低等动物的追求，和平是最高层次的社会向往。

　　鸽子白色的翅膀下面还没有真正的和平！

对虾——名实相违的夫妻

被视作夫妻恩爱的对虾，其雄性竟都是奸淫幼小雌虾的罪犯。

被视作夫妻恩爱的对虾，其雄性竟都是奸淫幼女的罪犯。

对虾是节肢动物门甲壳纲的代表，雌雄异体，并具第二性征。雄虾的雄性交接器与相互合抱的左右内肢节，共同形成一槽状结构；雌虾的雌性纳精器内有一空囊，可接受并储存精液。雄虾精巢的位置，与雌虾卵巢的位置相当。

犯罪出现的客观原因是对虾两性成熟期的差异。每年的九十月份，当年新出生的雄虾便已经成熟了，迫切地去寻找雌虾交配。而雌虾的性成熟期却要晚半年多，翌年的四五月份才会展露它们"女性的娇柔和妩媚"。

性急的雄虾自然等不到那个时候，总是在秋天便急冲冲地与尚处于幼小状态的雌虾强行发生了性关系。我们完全可以想象出雌虾的痛

欺世盗名型

苦与无奈，它们无力抗争这份屈辱的命运，成为被捆绑上婚床的新娘。雄虾将精子强行送入雌虾的纳精器内，把自己的欲望储存在里面。

强暴发生半年之后，雌虾才成为"真正的女人"，卵成熟了，由雌性生殖孔排出，这时，纳精器内的精子逸出与卵结合受精，繁衍后代的使命到此才真正完成。

对虾的卵为沉性卵，产出后便沉到水底发育。

可能是因为未成年便遭肉体折磨的缘故，雌虾的体质很弱，产卵后不大活动，往往潜伏在水底泥沙中恢复体力。这个时期是雌虾生命中最危险的阶段，它们中的大多数都被其他动物吞食掉了。那些体力较强的雌虾，能够继续生存下来，并可以继续产卵，但是，第二次产卵之后等待它们的，却总是死亡。它的身体实在太虚弱了。而那强行

与雌虾云雨风流的雄虾，春风一度之后便再也不会看到它们的身影了，玩得很潇洒。

对虾名称的得来，与这种水中动物的生活习性实在没有任何关系。在古代，我国北方的渔民，常以"对"为单位统计劳动成果，在市场上仍用"对"作单位计价出售，对虾因此得名。一种因为纯粹经济利益而得的名称，却被人们善意地视作雌雄相伴、相随，感情默契的标志，岂不是很具讽刺意味吗？

像对虾这样名实相悖的夫妻，实在很多。

山羊——带血腥味的素食者

山羊不会因为吃了自己的胎盘而变成食肉的猛兽，人就很难说了。

谁也不会怀疑山羊是食草动物，但它确实吃肉，而且吃的是自己身上掉下来的胎盘。

许多哺乳动物都在产下胎儿后吃掉胎盘，虎、豹和狮子都是这样的猛兽，但它们是食肉动物，不难理解，看着也不会触目惊心。而山羊的形象一直是软弱、温情的，所以当我们看到它们大口大口地吞吃胎盘，弄得满嘴血淋淋的时候，心里总有些不是滋味。山羊素食者的形象被破坏了，它被染上血腥的色彩，我们甚至开始自问对这种动物到底了解多少。

动物学家试图以科学化解普通人对山羊这种情感上的难解之结。对胎盘的化学分析结果显示，它们含有富足的特殊营养价值。山羊的胎盘里含有丰富的铁、铜、锰和钙的化合物，还含有钙离子、磷酸、甾醇等物质，这些物质不但营养丰富，还兼具止血的功能。于是，山羊吃自己的胎盘便似乎有了充分的理由，经过怀胎生产的艰辛之后，吃掉胎盘，即可以滋补身体，又可以为日后的哺乳打下身体的基础。素食动物的肉食举动，也因此披上了温情脉脉的面纱。同时，如果山羊不吃掉胎盘又会怎样呢？营养如此丰富的难得之物，也是要被其他猛兽设法变成自己的腹中餐的，与其便宜了别人，不如自己得益。

如果我们关注的目标仅仅是动物界自身的兴衰，山羊的举动无可厚非，我们甚至有理由对这种在长期生活中形成的本能加以赞赏。但问题是，如果我们对此做一番即使是最浅层次的生命哲学之思索，我们便会发现，我们心头的那个难解之结越发顽固了。

改变食性对于任何动物而言都是一件很艰难的事情，地球上很多物种的绝迹正是因为无法改变食性以适应环境的变化造成的，所谓"江

山易改,本性难移"。今天,即使是自出生之日便被人类饲养的食肉猛兽,也不可能满足于牢笼里鲜嫩的青草。而那些食植动物即使面临饥肠辘辘的情景,也无法吞吃摆在面前的肉类。杂食性动物人类,更是以食素作为修身成佛的必经途径,成佛难,断绝肉食亦难。

然而,山羊的改变却是如此轻易,而能够找到的原因只有一个——对营养的需要。这种需要被冠以母爱的光环,使我们无法谴责山羊对自身品性的背叛,甚至也无法因此便称它为肉食动物,因为它们毕竟仅仅是吃掉了自己的胎盘。

悲剧其实就是这样出现的。

原则被放弃了,放弃得又有理有据,足以获得理解和宽容。

山羊放弃素食原则冠冕堂皇,如果我们对此持认同态度,便一定是缘于这样一条定理,它的全部内容是:"在极度匮乏的状态下,为了发展之欲求,面对有益之诱惑,可以改变食性、品性或原则而不必承担责难,甚至应该被赞赏为聪明的举措。"我们姑且称之为"改变食性的可行性定理"或"放弃原则的正当性定理"。而这一定理得以存在的前提条件或先期原则是:原则是可以变通的。

真正的诱惑其实正在于"极度匮乏"和"发展之欲求"存在时出现的诱惑,而诱惑之所以成为诱惑,因为它们都是"有益的"。这样一来,所有的原则便都成为可以变通的了。

肉的味道肯定比草好,所以尝到甜头之后便很可能乐此不疲,何况还有光明正大、大仁大义的理由。只是,当原则被以种种变通的理由放弃时,原则便不复存在了。对原则放弃的结果必然是没有原则,而丧失了原则便距离混乱甚至毁灭为时不远了。

山羊不会因为吃了自己的胎盘而变成食肉的猛兽,人就很难说了。

雁——背道而驰的迁徙者

雁的迁徙原本是一次性爱之旅，它们到自己位于北方的别墅里享受男欢女爱去了。文人们关于雁的种种联想中，只有那些怀念情人的句子，还勉强沾得上边。

雁来到这个世界上，就是为了吊人的眼泪。

雁是候鸟，候鸟共有3000余种，在9000种鸟类中占了三分之一。大约在公元前1万年，地球历史上最后的冰河期结束，冰河向北撤退，一些鸟种可能在这时随着向北飞去，回到冰河期来临前它们的老家。但是当冬天到来时，它们又得向南飞，寻找温暖一些的生活地。这样，鸟类迁徙的序幕便拉开了。

每年秋冬之季，成群的鸟由北方飞往南方，到了第二年春季，再度飞返北方产卵繁殖，人类因此称这种随气候迁徙的鸟为候鸟。在3000多种候鸟中，雁却受到人类格外的关注，这很可能与它们壮观的

雁——背道而驰的迁徙者

队形有关。雁在迁徙时总是先排成"一"字队,再排成"人"字队,以降低空气对它们飞行的阻力。

当一个巨大的"人"字从头顶飞过时,人们便加上了他们无尽的遐想,而这遐想,又往往与乡情离愁关联。隋朝卢道思用"长风萧萧渡水来,归雁连连映天没"勾起远征战士的乡愁;同一朝代的薛道衡在出使的江南陈国思乡而咏唱"人归落雁后,思发在花前";前蜀的韦庄用"去雁数行天际没,孤云一点静中生"来渲染漂泊生涯;李清照一曲"雁过也,正伤心,却是旧时相识",令闻者无不垂泪;王实甫更是借《西厢记》中崔莺莺的嘴唱着:"碧云天,黄花地;西风紧,北雁南飞。晓来谁染霜醉,总是离人泪。"

对于一只鸟来讲,迁徙是它一生中最冒险和最艰苦的活动,每年都有成千上万只鸟不能如愿地到达目的地。它们不能预测天气的变化,可能被大风吹散而离群掉队，不知所终，也可能在风暴中挣扎求生，在浓雾中迷失方向后被强光吸引撞到灯塔上，葬身海底。但是，它们仍然每年不屈不挠地飞来飞去，为此耗费掉一年中绝大多数的光阴。因此，动物学家认为，将鸟类迁徙的行为仅仅解释为躲避严寒和寻找食物，显然缺乏足够的说服力。实际上，是繁殖欲望的遗传因素在起作用。

经过研究证实，是激素的分泌和生殖器官的内部节奏触动了包括雁在内的候鸟向北方迁徙的欲念，这种节奏是遗传和固定的，只是在一定程度上受外在因素如食物缺乏和气候变化的影响。而在繁殖季节过后，候鸟生殖器官便会萎缩，血液中的性激素消失，其他激素则为它们向南方迁徙做好了准备。

因此，雁的迁徙原本是一次性爱之旅，它们到自己位于北方的别墅里享受男欢女爱去了。文人们关于雁的种种联想中，只有那些怀念情人的句子，还勉强沾得上边。

许多被我们演绎成精神中顽固象征的事物，其实都是背道而驰的。

鹦鹉——随声附和者

鹦鹉虽然能发人声，但它并不明白人类语言的含义，只是做机械的模仿。其实人类又何尝不知道鹦鹉只是学舌，但人又偏偏乐于相信鹦鹉是知其所言的。

关于鹦鹉学说人言的记载，最早见于《礼记》。《本草纲目》对这种鸟的得名解释说："鹦鹉如婴儿之学母语，故字从婴母，亦作鹦䳇。"

鹦鹉学舌的许多有趣故事，广泛见诸中西方的文字记载中。传说亨利八世的一只鹦鹉从威斯敏斯特王宫窗口掉到泰晤士河上，它重复经常听见的一个短语，"船，船，二十磅的代价"，结果被一个船夫发现救起。1977年5月，英国诺丁汉城一只迷失的鹦鹉反复重复主人家的电话号码，得以被人送回，在英国掀起一股教鹦鹉背电话号码的风潮。在匈牙利的帕齐市，有一位女教师教鹦鹉"读书"，

鹦鹉——随声附和者

有些鹦鹉能记住 100 个单词、27 个句型。经过训练的鹦鹉问"早安",说"你好",则最为常见。我国古书《红楼梦》第三十五回中,也有两段非常有趣的描写:

……那鹦哥又飞上架去,便叫"雪雁,快掀帘子,姑娘来了!"

……那鹦哥便长叹一声,竟大似林黛玉素日吁嗟音韵,接着念道:"侬今葬花人笑痴,他年葬侬知是谁?……"

以上这些,都是惹人怜爱的鹦鹉学舌。有些时候,鹦鹉学舌会遭人憎恨,甚至给自己惹来杀身之祸。

1980 年 1 月,意大利那不勒斯城的裁缝戈尔多尼,因为听到自家的鹦鹉大叫"我的心肝宝贝"而起了疑心,终于发现了妻子与他人通奸。

这位裁缝师杀死奸夫淫妇之余,也结果了那只透露情报的鹦鹉的性命。我国唐诗中有一首《宫中词》,最后两句是"含情欲说宫中事,鹦鹉前头不敢言",可见人类对鹦鹉又存一份戒心。

从鸟类学角度看,鹦鹉之所以具备学舌的能力,不仅跟其神经系统及感觉器官的高度发达有关,而且也跟它发音器官的特殊结构有关。鸟类的发声器官叫作鸣管,位于气管分成两条支气管的交叉处,此处的管壁变薄为膜状,能因空气的颤动而发声。在鸣管的外侧,具有特殊的鸣管肌肉,叫作鸣肌,鸣肌可以支配鸣管改变形状,以发出各种不同的声音。在鸟类中,以鸣禽类的鸣肌为最发达,所以鸣禽不仅鸣声宛转多变,有的还能学说人言。

但是,人类"鹦鹉前头不敢言"的担心又有些多余,因为鹦鹉虽然能发人声,但它并不明白人类语言的含义,只是做机械的模仿罢了。它的学舌是一种条件反射活动,属于那种以直接作用于各种感觉器官的具体刺激如声、光、电、味等刺激为信号刺激的第一信号系统。

其实人类又何尝不知道鹦鹉只是学舌,而不解其意呢,但人又偏偏乐于相信鹦鹉是知其所言的。当鹦鹉道一句"你好""早安"的时候,人的快乐从心里溢到脸上。人类需要相信鹦鹉明白它们说了些什么,这会增加人类的快乐感受,如果鹦鹉只是在做机械的发音,那它带给人类的美感享受不是所剩无几了吗?而当鹦鹉说了不该说的话,人类虽然知道这并非鹦鹉的本意,但还是会对这种触犯感到愤怒,以至于对这种小鸟处之而后快。

人需要随声附和者,但对那些错拍了马蹄子的拍马者,还是要狠狠地踢上一脚。

佛门毕竟是大智慧的所在,《景德传灯录·卷二十八·越州大殊慧海和尚》中有这样的文字:"僧问:'何故不许诵经,唤作客语?'师曰:'如鹦鹉只学人言,不得人意。经传佛意;不得佛意而但诵是学语人,所以不许。'"

佛门无欺。

接吻鱼——名不副实的恋人

这种鱼彼此相遇即两嘴相对,作接吻姿态,接吻时间长短不一,但次数相当频繁,为物种所罕见。饲养者的目光集中在接吻鱼的接吻上面,这一习性很自然地首先被联想到爱情。

接吻鱼是一种热带鱼,原产婆罗洲、爪哇等南洋群岛地区。许多书上说,这种鱼游动缓慢,雍容大方,性情平和,具有迷人的魅力,是一种珍贵的观赏鱼。但是从那些照片上,我实在无法看到它的美丽。这是一种通体米色或白色的鱼种,极少数为青灰色,在原产地个体长约30厘米,而饲养在水族箱里的通常只能生长到2至8厘米。

与其他观赏鱼不同,接吻鱼显然不是因为美丽被宠养,而是因为它们接吻的习性。

这种鱼彼此相遇即两嘴相对,作接吻姿态,接吻时间长短不一,但次数相当频繁,为物种所罕见。这一习性显然使人类兴趣大增,鱼因此得名,也因此被宠养起来。说到底,接吻鱼是人类猎奇与偷窥的对象,而不是唯美的观赏品。

　　饲养者的目光集中在接吻鱼的接吻上面,这一习性很自然地首先被联想到爱情。人类的相吻带有很大的爱情成分,将心比心,鱼的接吻便也成了性欲望的一种表现与发挥。饲养者的兴趣更浓了,因为性一向被看作私事,而鱼缸透明的四壁使别人的私情成为公开的秘密,"观赏"时那份愉快的体验不言而喻。

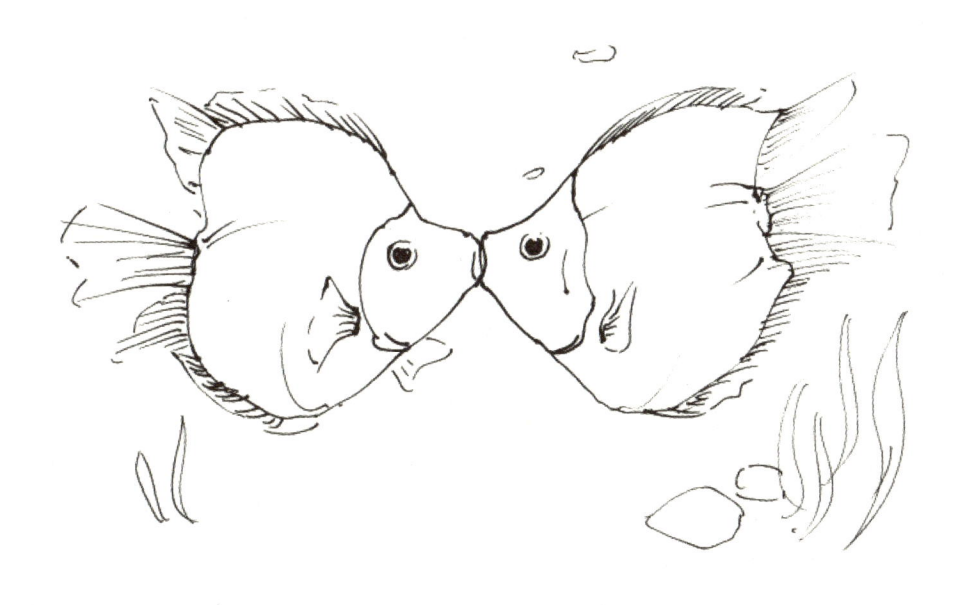

　　饲养者很快又想到,鱼是有发情期的,而接吻鱼一年四季相遇即吻,欲望甚强,其随时都可发情的特点有近于人类。于是,观赏或曰偷窥的兴趣更浓了。

新的事实不久将被注意到，接吻鱼接吻的对象并不局限于异性，而是不论雌雄，相逢便吻。同性相爱的属性显现出来，诱发饲养者更多的好奇，"观赏"的乐趣再次陡增。

有学者作出新的解释，接吻鱼的吻和人类的吻有着不同的内涵，不表示爱，而只是一种"口癖"，一种生理特性。例证便是，接吻鱼不仅吻别的鱼，而且还常向鱼缸的玻璃壁奉献它们的热情，即使这种单向的吻不是甜蜜的。

这一解释显然使饲养者观赏的热情顿减，但更大的打击还在后面。一种新的学术观点认为，接吻鱼嗜食青苔，它们接吻只是为了彼此吸吮对方唇上的青苔，而向鱼箱的玻璃献吻，也是着意于上面附着的食物。

神秘的色彩荡然无存，观赏或偷窥的欲念受到打击，人类受到鱼的嘲弄，接吻鱼被饲养的命运面临挑战。但是，伟大的偷窥者自会为延续自己的快感享受寻找出路，嗜食青苔的解释受到攻击，学者们的思考被指责为差强人意。于是，接吻鱼还可以继续作为观赏鱼，其隐秘的私情因为无法理喻更加为人津津乐道。

在熟知关于接吻鱼的上述履历后，我在河北省南戴河海滨的水族馆里看到了活生生的接吻鱼。这些貌不出众的小东西在我眼前慢悠悠地游动，我站立一旁，以一个绝对偷窥者的心态等待接吻的发生。二三十条小鱼在不大的鱼缸里游来游去，屡屡相逢却屡屡擦肩而过，令我困惑。整整过了半个小时，我甚至没有看到它们对玻璃的吻，没有时间再等待了，只能怀着深深的遗憾而去。

显然不会是水族馆的工作人员错挂了说明牌，而只能从鱼的身上找原因。

我在想，接吻鱼接吻的属性是否原本便是以讹传讹呢？或是以偏概全？凭着人类的好奇与无聊，是完全可能将两条鱼偶然间嘴与嘴的接触演绎成整个鱼种的"接吻"的。如果接吻的属性属实，又是否可能接吻鱼厌恶于人类的偷窥，倍感羞辱，而发誓不吻了呢？

我们无法确知鱼在想些什么，却清楚人在想些什么。

超逸型

- *137* 长颈鹿——精神贵族
- *141* 骆驼——面壁修行的达摩
- *144* 龟——淡泊养天年
- *147* 麻雀——动物界最后的烈女
- *151* 丹顶鹤——姿态隐者
- *154* 蚯蚓——忍气吞声的超逸者
- *157* 鹦鹉螺——沉默的记录者
- *160* 蝎子——"宁愿花下死"的逐性者
- *164* 海参——有"母爱"的海洋老者

长颈鹿——精神贵族

> 它的歌声给谁听呢？它的博论又有谁能够理解呢？这个世界上没有长颈鹿的知音，没有可以和它平起平坐的生灵，索性沉默了吧。

没有人听到过长颈鹿的叫声。一些动物学家说，这是因为长颈鹿没有声带，所以它只能终身默默地生活在自然界。另一些动物学家反驳说，长颈鹿也有声带，只是它们不愿意发出声音罢了。

声带的有无其实是无关紧要的，长颈鹿不出声，这才是事实。

长颈鹿是陆地上最高的动物，普通雄鹿约为 4.90～5.20 米，雌鹿约为 4.30～4.60 米，其中包括 1 米多长的颈。《吉尼斯纪录》记载的最高的长颈鹿竟达 6.90 米，曾生活于英国曼彻斯特动物园。长颈鹿的脖子这么长，却和包括人类在内的所有哺乳动物一样，只有 7 块颈椎骨。

长颈鹿的血压也是兽类中最高的，比人高两三倍，心脏特别强大。

这使得它的血液可以上升到 5 米多高的头部。加上长颈鹿特殊的生理构造（颈静脉控制瓣和颈动脉迷网），使得它低头喝水时也不必担心血液倒流到比心脏低 2 米多的头部而造成脑出血。

长颈鹿可以取食高处的树叶，也可以喝低洼处的水，而不失其翩翩风范。

长颈鹿的皮肤厚约 2.5 厘米，这使它得以自由穿行于荆棘灌丛中而不怕刺痛，更不必担心采食时被树枝划破美丽的面颊。长颈鹿那双大

眼睛无疑使其更显美丽，它那斑斓的衣着显得典雅而高贵。

温文尔雅的长颈鹿自卫能力很强，它的腿力极大，可以迅速连踢。狮子、豹子、鳄鱼等亦只能伤害幼年的长颈鹿，而在成年长颈鹿的猛踢面前无力招架。由于腿长，长颈鹿奔跑起来连狮子也望尘莫及，长颈鹿的学名来源于阿拉伯语，意思便是"速行者"。

长颈鹿的特性使它成为动物界中的佼佼者。一种生物，或者美丽，或者高大，或者勇猛，或者取食能力强，四者中占据其一，便是自然界的成功者。然而，长颈鹿却一身兼具四者，同时又温情脉脉，惹人爱怜，还有什么动物可以与它相匹配呢？

长颈鹿是动物界的精神贵族。

然而，精神贵族的命运远不如物质贵族来得幸运，后者受人奉承、恭维，前者往往遭遇嫉恨。一定有很多动物在难眠之夜作这样的不平心曲：同是7块颈椎骨，为什么你能高高在上？同是食草动物，为什么你不怕猛兽？同是脚踩实地，为什么你能吃到树木顶端的枝叶？这也罢了，而你竟同时拥有漂亮的皮毛和温顺的仪表，好事儿都让你全占了，这世道也太不公平了！

长颈鹿还能说什么呢？它已成为众矢之的，如果再有动听的歌喉，岂不更惹人嫉妒吗？索性沉默了吧，真是不能太出众了。

长颈鹿不是不可以发声，只是它深谙世事，与人无争，情愿以"哑巴"的面目出现。这样一方面尽可能使其他动物忽视它的存在，另一方面也可以促成某些对手的心理平衡，当别人嘲笑它的"残疾"时，长颈鹿便也得以在残酷的大自然中保得一席之地。

如果长颈鹿发声了，又能怎样呢？它傲然独立，俯视众生，即使是百兽之王也只配在它的腿间跳跹。它的歌声给谁听呢？它的博论又有谁能够理解呢?这个世界上没有长颈鹿的知音,没有可以和它平起平坐的生灵,于是,作为精神贵族的长颈鹿,除了在沉默中深思,真的也别无选择了。

　　长颈鹿其实是很高傲的。

骆驼——面壁修行的达摩

它们厌烦并且憎恶生灵间的相互屠杀，却无力改变，于是，只能独善其身，到荒漠中寻找一份清静。

骆驼在荒漠中具备了其他动物无法想象的能力与智慧。

在我国，野生的骆驼见于新疆、青海、内蒙古、甘肃等省区的荒漠地带。那里生活环境极端艰苦，一片沙漠，植被十分稀少，野骆驼每日辛辛苦苦四处觅食，只能找到一些骆驼刺、梭梭草、红柳之类的低矮植物充饥，在不毛之地维持生命。同时，那里干旱缺水，夏天热得像蒸笼，冬天又变成冰天雪地，春秋大风天气经常飞沙走石，连动物中最强悍的狼也招架不住，而骆驼却坚守荒原。骆驼不仅能耐饥，还能耐渴、耐热、耐寒、耐风沙，在严酷的环境中顽强地生活着。

正像无法说清是先有蛋还是先有鸡，我们也无法说清是因为骆驼具有特殊的生理和形态构造才得以在荒漠生活，还是因为它长期在荒漠生活，所以有了特殊的生理和形态构造。

骆驼的体毛是长毛覆盖着短毛,有防寒、隔热的绝缘作用;骆驼眼睛有双重眼睑,眼外有两排又长又浓的睫毛,两侧眼睑可单独启闭,能在风沙中识途辨向;骆驼的鼻孔斜生,有挡风瓣膜,能开能闭,可阻风沙于外;骆驼的耳廓圆小,内部密生耳毛,可挡风沙进入;骆驼蹄下有肥厚而宽阔的肉垫,既能在流沙上行走不下陷,又不怕烫脚,可耐受沙漠70～80℃的高温和冬季零下20～30℃的严寒;骆驼的胸部、前膝肘端和后膝皮肤都很厚,形成了7块耐磨、隔热、保暖的角质垫,适于在温差悬殊的砂砾地面上卧息;骆驼的牙齿、舌头,尤其是它那厚似橡皮的嘴巴,都适于吃生长在沙漠中有刺和干粗的植物;骆驼的胃分室,有极强的消化能力,据说连铜钱都能被消化掉;骆驼的驼峰贮存着消化的食物转化成的脂肪,当其长途跋涉缺少食物时,脂肪便

可转化为能量，以维持它的生命；骆驼具有惊人的耐力，能忍饥耐渴在茫茫大漠中走上21天，行程900千米；骆驼滴水不进于七月的骄阳下曝晒，能活16天；骆驼负重200千克时可以每天以40千米的速度连续走3天，而空载时速约为15千米，能持续行走18小时，奔跑时速可达60多千米⋯⋯

动物学家认为，骆驼选择荒漠生活的原因是它们身体庞大，过于惹人注目，加上没有什么抗击能力，所以只能躲到其他动物不去的荒漠中，以求安全了。但是，时逢寒冬，为了幼驼的成长，骆驼们也会到有泉水和较丰富食物的低洼盆地生活一段时间，它们并没有因此受到灭顶冲击。

骆驼实际上是动物界的苦行僧。它们厌烦并且憎恶于生灵间的相互屠杀，却无力改变，于是，只能独善其身，到荒漠中寻找一份清静。生活虽然艰苦一些，却不必耳闻目睹那血淋淋的残暴，可凭清静的心思考生命的终极意义。骆驼在荒漠中独步的沉稳，与人类中的思想者于书房中踱步的仪态何其相似！

骆驼是面壁修行的达摩。

龟——淡泊养天年

龟积累了足够的养分,可以几年不吃东西。它静静地趴在水底,可以几个月一动不动,清心寡欲。

龟被中国人看作长寿、吉祥的象征,可谓"龟寿延年"。海龟的寿命可以达到三四百岁。海龟是没有癌症的动物,这也是它长寿的原因之一。我国有给海龟放生的习俗,昔日南方沿海的许多财主老爷,常把渔民捕到的活海龟买回来,刻上自己的名字,放回海中,希望以此"慈悲"的行动,来实现长寿和发财的美梦。但是另一方面,中国人又有捕食海龟的传统,那些今天给一只海龟放生的财主,转天却可能买回两只杀掉食用。长寿的海龟在人的屠刀下短命,没人觉得这有什么不得当的。原因只有一个——人类放生海龟也好,杀食海龟也罢,都是为了自己的长寿。放生不过是面向海龟烧起一炷香,磕下几个响头,求神灵使自己像海龟一样长寿。而吃海龟肉、喝海龟汤,是一种更实际的补充营养的做法。

龟——淡泊养天年

海龟具有很高的营养价值,不但含有丰富的蛋白质和多种维生素,还具有滋阴、潜阳、柔肝补肾、去火明目和润肺生津之功能,是名贵的营养补品,有"蛋补一,鸡补七,龟补十"的说法流传世间。人类真的肯放过此等延年益寿的滋补佳品,幻想它回到海里带给自己长生不老吗?

但是,放生也好,吃掉也罢,人类还是无法赶超海龟的寿命。这时,嫉妒心理占了上风,龟便得了许多骂名,"千年王八万年龟"已经完全是一种咒骂的话了,与那句"好人不长寿,祸害活千年"如出一辙。我活不过你,是因为我是好东西,而你是混蛋——这便是人类面对龟的心态。

人类在龟面前折腾了几千年,龟仍长寿,而人生仍旧"不满百"。

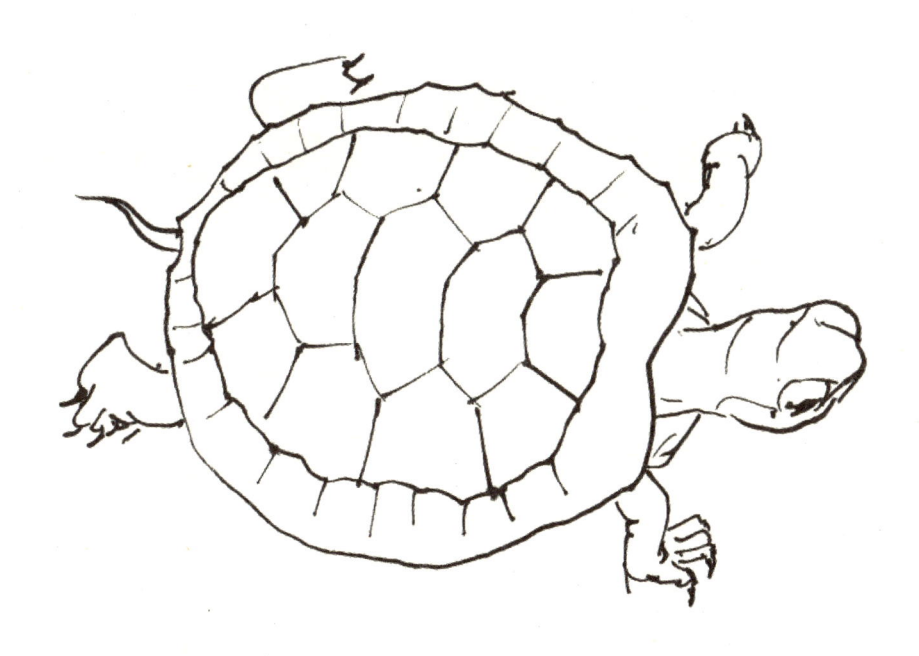

命中注定的事情，羡慕一下还可以，却真绝对嫉妒不得，否则，还是自己生气伤身体。

人类应该想一想，龟活得长久是有原因的。龟积累了足够的养分，可以几年不吃东西，人却聚财无度，多多益善，那份贪欲总是火烧火燎的。龟静静地趴在水底，可以几个月一动不动，清心寡欲，人能耐得住那份寂寞，能安享那份淡泊吗？争名逐利的心，哪里能够，又哪里配得上长寿呢？

我便想，人类如果能有龟一半的怡然淡泊，也许还会有长寿的期望。可转念一想，人贪求长寿正是为了享受世间的荣华富贵，贪图世间的美色、美酒、美味，如果真是清心寡欲，便也不会将生命的长短看得如此重要了。一种二律背反便形成了——欲求不高的得到了，欲火攻心的却无法企及。这，也许是大自然有意的安排吧？！

人是注定无法长寿了。

麻雀——动物界最后的烈女

"不自由，勿宁死"，没有哪一种生物能够像麻雀这样，将其作为整个种族的精神，代代相传。

麻雀把自己的生活和人类的生活紧密联系在一起，这种属于鸟纲文鸟科、成鸟体长约14厘米的小动物，主要栖息于有人类活动的地区，或是乡村，或是都市。人类在哪里建造起了他们的家园，麻雀便也将那里当成它们的家园。在我国，麻雀几乎遍布所有平原和丘陵地带。

颇有一些鸟类把它们的巢穴营造在屋壁和檐边，但麻雀无疑是最经常把自己的家和人类的家放在一起的鸟。我们屋檐上的鸟巢，10个中至少有9个属于麻雀，这便是它又被称为"家雀"的首要原因。另一个原因也许是麻雀在食物上对人类的依赖。它们的食性随季节变化，但平时主要吃谷类，只在冬季偶尔吃些杂草的种子。当人类在农田里立起稻草人的时候，他们最想欺骗和恐吓的，便是麻雀。

麻雀——动物界最后的烈女

麻雀也捕食昆虫，但只是在它们的繁殖季节，而不像其他鸟类那样一年四季都将昆虫作为自己的美餐。昆虫是麻雀繁育后代时的营养品，并且用来哺喂雏鸟，而在平时，昆虫对于麻雀来讲过于奢侈了。谷类是麻雀生命的依靠，而谷类多由人类种植，人类便也成了麻雀这个物种的依靠了。

我们因此有理由说，麻雀是对人类依赖性最强的鸟类。

但是，麻雀是唯一不曾向人类屈服的鸟类！

在人类的一手威胁和一手利诱之下，太多原本具有骄傲、自由性灵的生物屈服于我们的"权威"或"淫威"。那些被关在笼子里一代代繁衍着的、有着美丽羽毛和动听歌喉的鸟，"宠物"的名称已经形象地说明了它们的生存状态。它们的羽毛已经退化，它们的歌喉只为了取悦于人，如果将其放归自然，它们是否能够生存下来呢？不是经常有饲养者炫耀，他们的鸟如何在敞开的笼门面前无动于衷吗？为了不劳而获的一把小米，这些鸟背叛了整个天空。

鹦鹉、画眉、金丝雀……这些原本该自由翱翔的生灵，还有哪个没做了人类的奴仆呢？那些懒散于广场和路边的鸽子，许多并不是被人类捕来的，觅食于山野的辛劳在都市的诱惑面前使尊严土崩瓦解，它们可耻地自投于人类脚下，眼巴巴地期盼着我们赏赐一些食物。没人加给它们禁锢，是它们自己选择了乞讨。

鹰是最勇猛和自由的，它桀骜不驯，可谓鸟中之王。但仍然未能避免被人类征服的命运。"熬鹰"的过程充分体现着人类奴役其他动物时的残酷，对被剥夺了自由的鹰，以饥饿和困倦煎熬它，消磨其斗志，然后以少许的诱饵迫其就范，使这天之骄子与猎犬为伍，帮助人类去捕获其他动物。

所有甘为奴役的鸟类都无法避免其奴仆的轻贱与悲楚命运，观赏价值高的鸟可以免除劳作之苦，靠卖弄羽毛和歌声讨食。智商略高的鸟或是被训练表演各种低等的戏法，或是充当算命者的帮凶，叼起卦签去完成欺骗。鹦鹉是紧紧追随主人的鸟，它们随声附和人类的思想，不做也没有能力做独立的思考和判断，即使是人类最肮脏的语言，它们也照搬不误。被驯服的鱼鹰的命运最为凄惨，劳累一天的猎获物都上了人的餐桌，只能指望主人恩赐的一条小鱼赖以活命。

鸟类最动人心弦的美便是它们搏击长空时的矫健，当其翱翔的翅膀被利诱所累，我们看到的只是一些可怜的爬行动物。

然而，麻雀就不同了。这小小的生物在鸟类的种族里实在不起眼，"语"不惊人，"貌"不出众，却在以生命捍卫着自由、活泼的天性。

没有人可以养活一只麻雀，麻雀与被饲养的命运无缘！

被人类捕捉的麻雀，倔强地抗拒着任何一种征服它的努力，事实是在被剥夺自由的那一瞬间，它们便已选择了死亡。当一个生灵决意以死抗争，以死捍卫自由时，便没有什么力量能够征服它。人类妄想奴役麻雀的所有尝试都注定失败，麻雀对那些送到嘴边的美味视而不见，绝食便是它们的回答。麻雀至死都紧紧地闭着眼睛和嘴，一副凛然不可冒犯的神态，甚至不发出一声鸣叫，以免使人类认为那是在乞怜。过不了一夜，麻雀便奄奄一息了，濒临死亡之境，它们的神志仍很清晰，足以抵御饥饿对食物的渴望。麻雀绝食的顽强使人类困惑，这些智能显然十分低下的小生物竟能战胜物种求生的顽强本能，仅仅是为了飞翔。

麻雀属于天空，人类制造的牢笼里不可能看到它们的身姿。

对人类的依赖，是由麻雀的生物属性决定的，正像我们人类其实也是依赖着每一种动物和植物的存在一样，无可厚非。因此，麻雀是所有鸟类中最有理由对人类摇尾乞怜，听凭差遣的。当诸多不以人类种的植物为食、本不需要人类的任何关照便可种族旺盛的鸟类都心甘情愿做了人的奴隶时，麻雀的服输完全可以获得宽容和理解，但是，麻雀仍在以死相抗。

麻雀坚守的不仅仅是尊严，更是天性。任何利诱都不可能使麻雀背叛自己的天性，而物种最原始也最崇高的生存境界便是——自由。

"不自由，毋宁死"，没有哪一种生物能够像麻雀这样，将其作为整个种族的精神，代代相传。

麻雀是动物界最后的烈女。

丹顶鹤——姿态隐者

那些被送到动物园里展出的丹顶鹤,虽然与隐逸的生活相去甚远,却仍然昂首阔步,一幅骄矜之态。

鹤是一种美好的事物,而丹顶鹤又是鹤类的代表。我国民间对鹤的习性及关于鹤的传说,一般指的都是丹顶鹤。

丹顶鹤体态秀逸,雍容华贵,性情悠闲,经常昂首阔步,仰面朝天,显出一副既骄矜又潇洒的神气,举止温雅而有节,如道士布道一般。丹顶鹤鸣声格外洪亮,《诗经》上说:"鹤鸣于九霄,声闻于天。"丹顶鹤临风一鸣之时,惊起四周群鸟,非同凡响。这些都使得丹顶鹤宛如一位潇洒出尘、放浪形骸的人,所以中国古时将其视作仙禽。在许多神话传说或诗画中,那些仙人隐士常与丹顶鹤、梅花为伴,所谓"梅妻鹤子"。丹顶鹤被称作"仙鹤"写入动物学著作中,与此不无关联。

丹顶鹤又是一种长寿的鸟,寿命可达50~60岁,画家们常把它和松树绘在一处,命名《松鹤图》,取意"松鹤延年"。其实丹顶鹤是栖息于沼泽地的鸟，那里根本没有松树可栖。但在已成为一种美学意象的今天，即使缺乏科学依据，《松鹤图》仍被人们喜爱着。

丹顶鹤已经不再是一种普普通通的鸟，它别号"仙客""居士"，历代文人强化着它俊逸悠闲的形象，已然完全是一位高人隐士了。

但是，中国古籍中竟不乏这位隐者被人类饲养的记载。

在丹顶鹤繁殖和越冬的地区，常有渔民或老农把捡到的幼鹤养大，驯化得如同猫、狗一样，与人亲昵难分。主人走到哪里，它们就跟到

哪里，甚至不惧怕生人的恐吓。丹顶鹤终于没有摆脱许多鸟都有的命运，很多成为家养鹤。今天，在黑龙江扎龙自然保护区内，野生鹤也与养鹤人产生感情，即使飞出很远，只要人们一发信号，它们就会飞回饲养基地，有时甚至还把其他野鹤一起带回来。而那些被送到动物园里展出的丹顶鹤，虽然与隐逸的生活相去甚远，却仍然昂首阔步，一幅骄矜之态。只是，丹顶鹤此时的仙风道骨里总有些让人看着不太舒服的东西。

真正的高人隐士属于荒无人迹的旷野，与被宠养的命运无染。

丹顶鹤的形象具有极强的观赏价值，所以它被笼养的结局难以避免。正如中国古时的隐者，某些人并非真的有一颗超凡脱俗之心，选择隐逸往往是因为不得志，希望藉此博取美名，为了那出山的一刻。退隐是为了更好地展露于仕途，那些一直"隐"下去的人，只不过是没有出山的机缘罢了。所以古人又说，真正的隐逸其实无需借走进深山的形式的，所谓"小隐隐于林，大隐隐于市"。

丹顶鹤是迁徙之鸟。中国古书记载，每年深秋，一只只丹顶鹤与养鹤人恋恋不舍，起飞后仍盘旋鸣叫，久久不肯离去。而今天，人类已将许多丹顶鹤驯化为留鸟了，当然，要给它们一个温暖的住所。

蚯蚓——忍气吞声的超逸者

被拦腰斩断，也只是钻回土中，不与伤害它的人争执。

《本草纲目》对蚯蚓的命名这样解释："蚓之行也，引而后伸，其塿如丘，故名蚯蚓。"中国2000多年前的古书《礼记》和《尔雅》中，都有关于蚯蚓的记载。

蚯蚓是环节动物，环节动物有许多体节，在每个体节内都有一对神经节。这些神经节都能在它们所管辖的范围内相对独立地感应外界刺激，调节和控制本体节的活动。但各个体节内神经节的集中控制，对于整体的集中控制来说，又是一种分散，这就不可避免地导致这些神经节本身受到更高的集中控制，促进脑神经节的发展，使它更加发达。然而，由于环节动物的脑神经还处于发展的初期阶段，身体各个环节的相对独立性很大，因此，如果把蚯蚓切成数段，每一段都可以自发蠕动。

蚯蚓——忍气吞声的超逸者

此外，蚯蚓的消化管是一条从口到肛门的直行通道；蚯蚓有专门的循环器官，由心脏、血管和微血管组成，是封闭的循环系统；蚯蚓的排泄系统也是分布在每一体节里的小肾管；蚯蚓的上皮层细胞中有几种感觉细胞，其中一种是含有触毛的触觉细胞，分布于每一个节体……这些都使得被切成数段的蚯蚓不会因此死去，与其头部相连的那一节，很快又可以长出一个完整的个体来。

断而不死，可谓动物界的一个生命奇迹。这本身便具有某种象征意义，是一个挑战，更是对伤害行为的一种嘲弄："瞧，你把我弄断了，可我还活着，你又能奈我何？"

被伤害的蚯蚓接着钻入地下，恢复自己的身体，过自己的生活。蚯蚓被认为是真正的超逸者，它总是隐匿于泥土中，很少到地面上来

与众生物争一份疆土。蚯蚓又是真正的宽容者,被拦腰斩断,也只是钻回土中,不与伤害它的人争执。自然,蚯蚓也可以被认作是无能者,因为它弱小到不可能抗争,只能忍辱负伤地躲回地下。不管怎么说,没有人会怀疑蚯蚓是一种最能忍耐伤痛的动物。

蚯蚓从来不发出任何声响,不呻吟,不喊冤,不抗议,不争吵,不申诉。它没有听器和鸣器,又聋又哑。然而,奇怪的是,中国古人却加给蚯蚓"江南歌女"的雅号,实乃匪夷所思。

鹦鹉螺——沉默的记录者

> 这些海底的低等动物，默默记录着月球远去的步履，平和而安详地做着记录。

鹦鹉螺是地球深藏在海底的一本对月亮远离行为的纪录。

这种具有贝壳的头足类软体动物早在4亿年前就开始于海底徘徊了，可以说是存在至今的最古老的动物之一。我们知道地球本身也只有46亿岁的寿命，而地球上的生物史只有6亿年。6亿年前，地球进入太古代的寒武纪，最早的无脊椎动物三叶虫等开始繁盛，到了4亿年前的奥陶纪，鹦鹉螺走向高度繁荣。今天我们只能从化石中看到三叶虫的姿态，而鹦鹉螺却仍在海底世界迈着稳健的步态。

鹦鹉螺背腹旋转，呈螺旋形，外表分布着均匀的条条密纹，光泽艳丽，犹如羽毛，壳后部间杂着橙红色波状条纹，形如美丽的鹦鹉，故而得名鹦鹉螺。这种螺的完整贝壳，不需任何加工装饰，已经是珍贵的玩赏品，若经雕刻造型，加工成艺术品，更加名贵，使人爱不释手。

据生物学家研究，鹦鹉螺化石多达2500余种，分布遍及世界各地，说明海洋曾一度是它们的天下。经过几亿年漫长的生存竞争，绝大部分种类已经灭绝，目前在海洋中仅存4种鹦鹉螺，而且都是暖水性种类，仅在太平洋和大西洋中生活。

鹦鹉螺与其他有壳软体动物不同，构造和生活习性非常特别。它的壳腔由隔壁分成30多个壳室，最后一个为动物体居住的"住室"，而其余均为"气室"。每个隔壁中间都有一个小孔，由动物体后引出一条索状物穿过。

非常有意思的是，德国古生物学家卡恩和美国天文学家庞比亚在研究了鹦鹉螺的构造之后，发现了鹦鹉螺的一个奇异的秘密。在鹦鹉

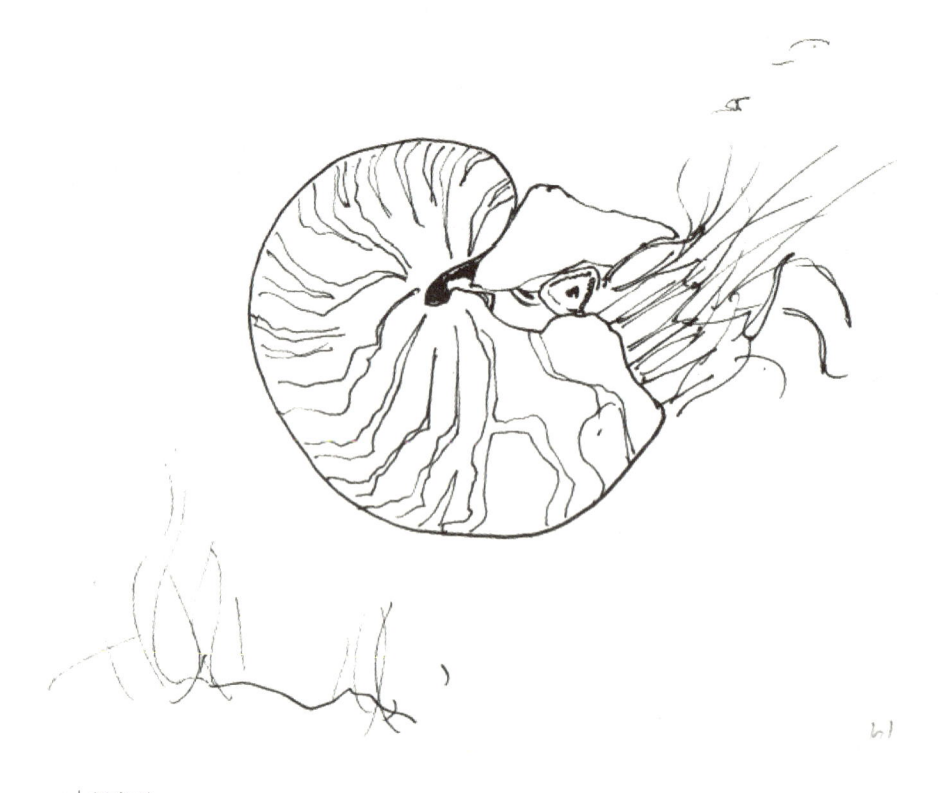

螺那一个个壳室里面，长有一条条突起而清晰的横纹，叫作生长线。这些神奇的生长线，竟准确地记录了月球的演化史！

两位科学家解剖了数以千计的鹦鹉螺，最后证实，鹦鹉螺的两片隔膜间的生长线条数正好与现在的太阴月（即月亮绕地球一周）的时间——29.53天相吻合。卡恩和庞比亚还对各个时期的鹦鹉螺化石进行观察，发现在特定的地质年代里，各地不同种属的鹦鹉螺生长线的数目也大体相同，数一数它们的生长线，而亦与那个时期太阴月的天数相吻合。比如，6950万年前的鹦鹉螺化石，它的生长线是22条，而当时月亮绕地一周也只需要22天；3.26亿年前，太阴月的天数是15天，而那个时期地层中的鹦鹉螺化石也只有15条生长线。

天文学家曾提出，月亮不愿再与地球为伴侣了，正一点点挣脱引力的牵绊，悄然扬长而去。月亮与地球的距离正在一点点拉远，绕地球一周所需要的太阴月时间也在变长。而这些海底的鹦鹉螺，分明成了月亮远去过程的一部备忘录。一个是太空中的星体，一个是海底的软体动物，竟有如此精确的联系，实在是无法解释的谜。面对茫茫宇宙，我们显得过于无知了。

无知却强作真理的拥有者，便一度是人类采取的态度。人类曾为天体间的关系争论不休，这种争论甚至加以绞架和烈火，向真理接近的每一步都有淋漓的鲜血。想一想便会发现，这些争论都是人类血腥游戏中的一种，丝毫没有影响宇宙的法则，只是更加暴露出我们的无知，以及在无知驱使下的残暴。相反，倒是这些海底的低等动物，默默研究着月球远去的步履，平和而安详地做着记录。

鹦鹉螺的存在，是对人类的一种嘲弄。我们在鹦鹉螺的面前只余下自惭形秽的权利。

蝎子——"宁愿花下死"的逐性者

当雄蝎子布置洞房的时候，便也在布置着自己被屠宰的现场。每只雄蝎子仍在义无反顾地走进洞房，以死求"性"，拱手将自己奉为异性的美餐！

进入繁殖季节，雄蝎子便开始寻找理想的洞房。终于觅到一个适合的洞穴后，便可以寻找新娘了，这个过程也并不艰辛。最触目惊心的场面是在一对情侣双双进入新房之后，当它们开始交配之际，雄蝎子也开始走向死亡。

蝎子是少数以雌性为中心的动物中的一种，雌性总是在交配之后立即残杀、吞食自己的夫君，同样的习性还出现在蝇虎、螳螂的身上。

当雄蝎子布置洞房的时候，便也在布置着自己被屠宰的现场。

没有哪只雄蝎子能够活过新婚之夜，交配之后，它们便被自己找来的性伙伴作为食物吃掉。有些雄蝎子甚至活不到交配完成，在拥抱亲吻的时候，雌蝎子已经啃去了它们的头和颈，身体也一点点被吃掉，最后只剩下生殖器官还残留在雌蝎子的体内。

雌蝎子的这种残忍，无疑会令人类闻之色变。它们的毒性不仅仅用于异类。

我们不可能想象雄蝎子事先对自己被吃掉的宿命一无所知，一个种族的共同命运早已成为它们生命的本能。更何况，当人类反复念叨着"色字头上一把刀""女人是祸水"这类警句时，蝎子们也一定耳濡目染，耳熟能详了。但是，奇怪的是，每只雄蝎子仍在义无反顾地走进洞房，以死求"性"，拱手将自己奉为异性的美餐！

具有可能性的原因，推测只有三种。

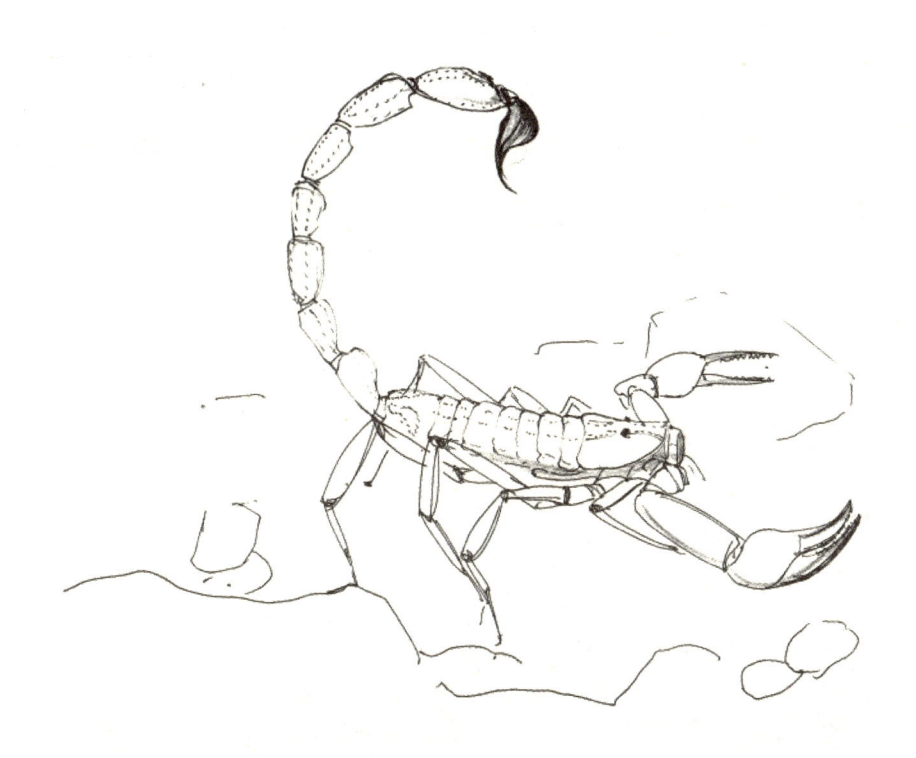

第一种推测，雄蝎子来到这个世界上的意义就在于种族的繁衍，它们不复有更高的使命，只是传宗接代的工具。交配使它们生命的价值得以实现，雌蝎子受孕之后雄蝎子便不再有存在的意义，作为美味滋补即将成为母亲的雌性蝎子，是雄蝎子对繁衍后代所能做出的最后贡献。雄蝎子对死亡不会有任何想法，那是它们的归宿。

第二种推测，雄蝎子既想得到性的快乐，又不想死去，只是它们最后无力控制局面了。当雄蝎子和性伙伴携手走进洞房时，一定怀着"大事即成，一走了之"的念头。某些雄蝇虎在这方面很成功，它们在雌蝇虎面前跳跃着表演舞蹈，以得到雌性的好感并抑制它们的食欲，趁雌性被逗引着露出温柔性情之际扑过去云雨一番，掉头便跑。稍有留恋，亦难免逃脱被吞食的命运。但是，雄蝎子却没有如雄蝇虎一样幸运成为脱逃者，它们总是被吃掉。最有说服力的解释只能是，雄蝎子沉湎于交配的快乐，"英雄难过美人关"，无力自拔，丧失理智，虽然想跑，却骨软筋酥，动弹不得了。雄蝎子对死很不甘心。

第三种推测，雄蝎子看破红尘，及时行乐，情愿以一死促成好事。"宁愿花下死，做鬼也风流"，这无疑是某些雄蝎子的信条。人生在世，食色二字，吃饱了喝足了，再快快乐乐地风流一把，享受美色，此生足矣。这样的雄蝎子死而无憾。

但是，一个新的问题出现了。如果雄蝎子真的尽享了美色，风流了一辈子，也确实值得了，就像某些死于性病的淫乱者，会自得地喊一嗓子："老子这是富贵病。"雄蝎子的遗憾在于，它总是在第一次性体验中便命丧黄泉，刚刚尝到交配的乐趣，尚未及回味，便永远与翻云覆雨无缘了。这只能使垂死时的雄蝎子更添悲凉，其痛楚的心态恐怕还不如死于"处男"状态呢。

由此观之，雄蝎子颇值同情，它绝算不得纵欲者，更与淫乱无涉。大自然安排它们死于第一次交配，实在过于残酷。与雄蝎子相比，人类应该知足常乐了。

人类还有一句常说的话："色即是空。"这其实是佛家用语，本意与性无关。

海参——有"母爱"的海洋老者

我们永远无法搞清楚海参的心思，它接纳这种寄居者，到底是出于怎样的考虑。惺惺相惜？慈悲心肠？对更弱小者的怜悯？可以肯定的是，当小潜鱼自由出入海参体内的时候，海参分明采取了一种可以与母爱相提并论的情感。

海参过着老年人的生活方式。

这种无脊椎动物属于棘皮动物门，身体呈长筒形，像丝瓜或黄瓜。前端是口，后端是肛门，食物在其身体里走了一趟，直来直去。

海参营底栖生活，在岩礁底和珊瑚礁周围，行动十分缓慢，只能以混在泥沙或珊瑚沙泥中的有机质和微小的动植物如硅藻、有孔虫、放射虫和桡足类、介形类、腹足类小动物等为食，不需要它费力去捕食，只是随着水流吸进体内便可以了。海参在觅食时甚至无力将泥沙清除，总是和真正的食物一起吞入，这便给宰食者添了些麻烦，食用时要格

海参——有"母爱"的海洋老者

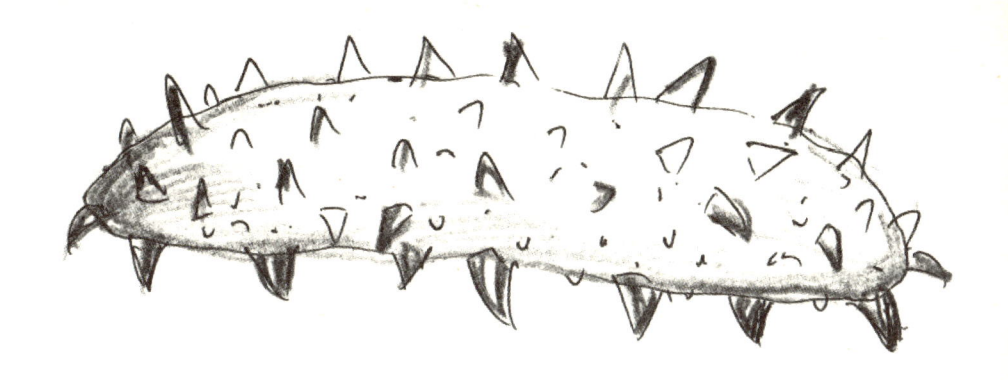

外注意将它体内的杂质除净。

海参自卫能力很差,遇到攻击时总是无力抗争,为了保全性命,便具有了奇特的排脏现象。在受到重大刺激时,海参的身体会强力收缩,把内脏从肛门或身体的裂口处排出来,作为送给敌人的美餐。而经过一段时间之后,海参又会长出新的内脏,照样安然无恙地生活。排脏,成为海参残体自卫的手段。

像所有老年人一样,海参嗜睡。除了每天的睡眠外,每年还都有三四个月的长睡不醒,有的在冬天进行,叫"冬眠",有的在夏天进行,叫"夏眠"。长睡的时候,海参爬到深海幽静的岩礁底下,腹部朝上,用管足紧紧吸附着石头,既不运动,也不摄食。这样长期嗜睡不顾食的结果是,肠道逐渐萎缩,身体消瘦,体重减轻,失去弹性,最后骨瘦如柴,奄奄一息。而且,理所当然地,每次长睡都可能使海参在不知不觉中成为敌人的猎物。

超逸型

海参成为有足够理由灭绝的动物，但是，公平的大自然也赋予了这位弱者某些特殊的能力，使其生生不息。危险到来时的排脏手段是一种，危险未至时的自切方式更重要。海参再生能力很强，被切成数段后还能长出触手和肛门，成为一个完整的个体，一些品种更具有自切的本能，把自己的身体自切成数段，每段又长出新的个体。"生命只有一次"这句话在海参这里不适用了。

但是，这一切都无法改变海参形同老者的地位，它的全部"特异功能"都在于保全弱者的生命。

就是这样一位自顾不暇的年老体弱者，却成为更弱者的保护神。

有渔民发现，采捕海参时，时常有一种小鱼从它的肚子里钻出来，然而海参是无力捕捉也无力消化鱼的。动物学家经过研究发现，那是一些寄居在海参体内的鱼类，叫小潜鱼，它们与海参的关系，便是生物学上的共栖，也叫共居或共生。

但是，这是一种"偏利共生"，因为只有小潜鱼一方能从这种生活中受益，而海参往往成为受害者。

小潜鱼属于鳕形目中的一种小型鱼类，身体透明，体身瘦长，没有腹鳍，臀鳍特别长。小潜鱼完全没有自卫能力，如遇敌害，只能束手就擒，因此，它们本能地选择了寄居生活，而海参是最理想的寄居选择。寄居在海星或牡蛎贝体内的小潜鱼，生活不便，甚至会有生命危险。如在贝内寄居，不免会被寄主外套膜分泌的石灰质涂抹在身体上，刺激得极不舒服，有时被封锁在贝内不能随意出入，有时甚至会被突然合拢的贝壳夹伤。只有海参，可以随时供小潜鱼从肛门进入，穿过肠胃从口窜出，行动便利，毫无危险。

只是苦了海参，它们成了小潜鱼的"隐蔽所"，白天在自己体内安然酣睡，将这里当成家，夜间钻出寻找小甲壳动物充饥。更有甚者，时常六七条小潜鱼寄居在一条海参体内，把海参的肚子撑得鼓鼓的，内脏器官自然因此受到损伤，更容易招惹敌害的注意。小潜鱼从不理睬海参的死活，只顾自己舒服，对这位容纳自己的恩人表现得很淡漠。

　　我们永远无法搞清楚海参的心思，它接纳这种寄居者，到底是出于怎样的考虑。惺惺相惜？慈悲心肠？还是对更弱小者的怜悯？可以肯定的是，当小潜鱼自由出入海参体内的时候，海参分明采取了一种可以与母爱相提并论的情感。

　　有人说，即使海参想拒绝小潜鱼的进入，以它的软弱无力，也是无法做到的。我倒宁愿相信海参是自觉自愿的，小潜鱼不是强盗。

　　小潜鱼真的不是强盗吗？

黑马型

171 螳螂——弱小者的希望

175 啄木鸟——不达目的不罢休的除害者

178 秃鹫——令人敬畏的清洁工

181 食铁鸟——反战勇士

184 野驴——自由奔跑的生灵

总鳍鱼——冲出困境的智者

海豚——以德报怨者

河豚——致命诱惑

珊瑚——创造奇迹的弱小者

对虾——脱胎换骨者

蚜虫——人性的导师

螳螂——弱小者的希望

螳螂不是不懂得车的厉害，只是它认定自己不能逃避。宁死不做懦夫，宁死不屈服于强暴，这便是螳螂的处世哲学。在强权当道的世界，螳螂是我们的最后希望。

昆虫纲的动物螳螂自春秋时代开始便成为中国人嘲笑的对象。

《庄子·人间世》中说："汝不知夫螳螂乎，怒其臂以当车辙，不知其不胜任也。""螳臂当车"这个成语便由此而生，个体弱小的螳螂被激怒了，它站在大道当中，愤怒地横开双臂，试图拦住迎面疾驰而来的快车。

螳螂的命运其实已经注定了，坐在车上的人类哈哈大笑着驶过，而不自量力的螳螂已经被碾成薄薄的一片儿。

在整个昆虫纲当中，螳螂算得上勇猛。它的头部呈三角形，复眼大，触角细长，胸部具翅二对、足三对；前胸细长，生有粗大呈

螳螂——弱小者的希望

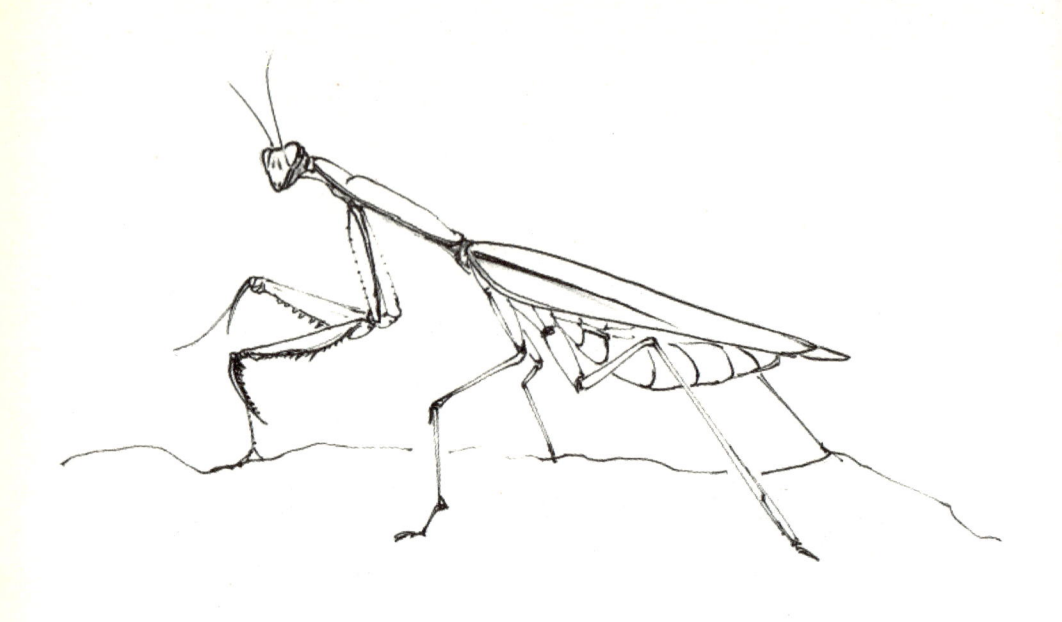

镰刀状的前足一对,其腿节和胫节生有钩状刺,用以捕虫。蝇、蛾、蝶、蝗虫等,在螳螂面前都难以逃遁。除了酸性的蚂蚁外,没有螳螂不吃的昆虫。

螳螂不畏强暴的记载古已有之。遇到猫狗等动物的袭击,螳螂会奋起争斗,跳到它们的身上搏斗,甚至不乏将猫狗击败的战绩。如果允许我们做一些大胆的推测,不妨认为,庄子之所以选择螳螂来嘲弄,一定是见过它与猫狗的搏斗,却未等见到战局的输赢便蔑笑着走开去写那篇《人间世》了。

一直旁观下去的是美国人。1964年,在纽约第五大道上,一只螳螂和一只麻雀发生对抗,引起许多人围观,交通为之阻塞。对抗的结果是麻雀鼓翅远去,螳螂却傲然不动。

螳螂——弱小者的希望

螳螂虽有挡车的蛮劲，却显而易见不可能真地挡住车，这也是庄子的寓言历来无人反驳的原因。另一个更深层的原因也许是，中国人一向是尊崇节制的民族，明哲保身被公认为面对强敌的最高策略，而不欣赏那些明知不可为而为之的人。

但是，弱小者的反抗，谁又能肯定没有取胜的希望呢？

螳臂当车的全部哲学价值正在于中国人嘲笑的地方——不自量力。"螳螂捕蝉，黄雀在后"，如果那只螳螂知道了背后的黄雀的话，它是一定会回过头来与之一搏的。而在中国人看来，它最聪明的举动应该是逃跑。

螳螂不是不懂得车的厉害，只是它认定自己不能逃避。宁死不做懦夫，宁死不屈服于强暴，这便是螳螂的处世哲学。而更深层次的哲学意义在于，精神的独立有时需要以牺牲肉体来完成。西方有一句名言："我不入地狱，谁入地狱？"

中国如果所有弱小者都选择退避，恶毒的势力不是会更加猖獗吗？那坐于车上狂笑着飞驰而过的人类，面对螳螂的鲜血，至少应该明白还有一些不顺从者存在着。

螳螂虽然挡不住车，但它怒而反抗，横于道中的举动本身，不也正是一种最崇高的精神象征吗？不能战胜敌手已成定局，但仍以死相抗，这似乎有违"保存实力"的原则，牺牲是没有意义的。但这个世界并不总是靠"策略"来完善的，许多时候需要螳螂这样的不自量力者。它的意义在于昭示着一种反抗的精神，并以此唤醒沉睡者，你不能说这被唤醒的人中，一定没有足以挡住那驾快车的。

特定背景下的一些自杀，便是具有同样意义的反抗。当我们面对如颜真卿、文天祥、谭嗣同这样的"自杀者"，没有谁会把他们同怯懦相提并论。

一个习惯于在策略中谋生存的民族，策略已演化成一种奴性。

在强权当道的世界，螳螂是我们的最后希望。

啄木鸟——不达目的不罢休的除害者

啄木鸟生来就有捉害虫的本领,树干构成的阻力或更多的护卫都不能阻止它。它不达目的不罢休,是天生的除弊兴利者。

啄木鸟的锐目可以看到躲在树木里面的虫子。

啄木鸟科共有212个种,中国有其中的28种。啄木鸟有弯曲锐利的爪,能牢牢地抓住树干。它的尾羽茎坚硬有弹性,当它沿着树木攀援时,尾巴起着支撑身体的作用。啄木鸟是典型的攀援类鸟,它在树干上抓得牢固,才有可能进行艰苦的捉虫工作。

啄木鸟还得力于它强直尖锐的喙,像凿子一样,可以啄开树皮。在觅食时,这种鸟一面向上攀援,一面用嘴叩敲树干,发出"笃笃"的声响。从敲击树干的声音中,它能知道害虫潜伏的地方,然后在树皮上啄一个小洞,把细长的舌头伸进去,利用上面的黏液和小钩,将

虫子钩出来吃掉。啄木鸟生来就具有捉害虫的本领，树干构成的阻力或更多的护卫都没有关系，啄木鸟不达目的不罢休，是天生的除弊兴利者。

在啄木鸟的总食量中，昆虫占90%以上，有的甚至高达99%，且都是森林害虫，如蚂蚁、甲虫、毛虫、天牛幼虫、螟蛾等等。其中许多昆虫完全可以在树干之外找到，啄木鸟能够便捷地得到食物，不必受啄劳之苦。但是，啄木鸟似乎更对躲藏起来的害虫感兴趣。这种被称作"森林医生"的鸟一年四季都在树林间啄食害虫，其除害的作用之大、效果之长久，是任何药物都无法比拟的。

啄木鸟每天大约敲打树干500～600次，有人通过高速摄影技术得出结论，啄木鸟啄树时的冲击速度达578米每秒，而它竟不会因此得脑震荡，实在是个奇迹。原来，啄木鸟的脑子被细密而松软的骨骼包裹着，头部有大而有力的肌肉，可以减少震动，而它的头部和嘴是一前一后作直线运动的。若要克服种种阻碍捉到害虫，本身必须肌体强健，不会头昏眼花。

啄木鸟是真正的医生，其中白腹黑啄木鸟已被列为我国的国家二级保护动物。为了吸引啄木鸟消灭害虫，鸟类学家已经掌握了将啄木鸟留在格外需要它们的森林中的技术。

鸟类学家观察发现，当啄木鸟工作的时候，常常有一只大山雀充当帮手，在不远处站岗放哨，使啄木鸟可以思想专一地安心除害，无需受不必要的干扰。自然，大山雀将从啄木鸟那里分得好处。

有些害虫是鸟类无法消灭的，所以人类必须自己动手。只是人类中的除害者，常不具备啄木鸟具有的各种主客观便利。

秃鹫——令人敬畏的清洁工

> 长期吞吃尸体内脏的习性，早已使秃鹫具备了完善的"消毒"机制，它们的体内产生了特殊的抗体，足以抗拒任何一种病菌。

秃鹫是鸟类中最大的清洁工，它们主食动物尸体的内脏。

秃鹫对腐烂尸体散发出来的气味特别敏感，距离几千米，甚至十几千米便可以闻到。于是，三五成群地盘旋在空中寻找目标，一经发现，便落下来美餐。在进食前，秃鹫总是先把尸体的肚皮啄破撕开，然后再将头伸进胸腔和腹腔，把内脏吃得一干二净。它们的头和颈每每因此被弄得肮脏之极，分辨不出本来面目，不堪入目。

一只小秃鹫，每天就要吃3千克肉。秃鹫成群一起啄食时，相互争抢，狼吞虎咽，速度极快。一头死牛只需3个小时便可全部吃光，吃光一头骡子用不了2个小时，一只羊则只需半个小时。如此贪食，为鸟类罕见。

秃鹫——令人敬畏的清洁工

秃鹫这种吃尸体的嗜好，总让人觉得不太舒服。那些肮脏腐臭的尸体，使人们进而对它的啄食者也生出几分厌恶。但秃鹫无疑是大自然的清洁工，由于它们的存在，自然界变得洁净了。所以，人类对秃鹫的感情更多的是一种敬而远之，或曰敬畏。

敬畏的起因还在于，人类根据自己的想象，那些腐烂的尸体将把众多的细菌带给秃鹫。秃鹫于是成了病毒的载体，令人避之唯恐不及了。

人类实在是多虑了。

长期吞吃尸体内脏的习性，早已使秃鹫具备了完善的"消毒"机制，它们的体内产生了特殊的抗体，足以抗拒任何一种病菌。而且，秃鹫的身体还可以完成将病菌集中到头顶的工作，秃鹫常栖息在海拔2000～4500米的山区，又在山峰顶端或高大的树冠处安家，强烈的紫外线帮助它们消除头顶的病菌，这也是为什么它们的头顶和脖子总是光秃秃的原因。人类的俗语"没有金刚钻，不揽瓷器活儿"，用在秃鹫身上再恰当不过了。如果其他动物也想冒险尝一回腐肉的话，很可能便因这次勇敢的举动丢了性命。

  秃鹫是"常在河边走,就是不湿鞋"的鸟,而之所以不湿鞋,是有其内在缘由的,这缘由是长期生物进化的结果,不是靠几句说教就能够做到的。

食铁鸟——反战勇士

以绝对的手段寻求古老温情的同时,也将放弃掉大工业的繁荣,所以,食铁鸟注定永远不会成为一个英雄,不论是作为反战者,还是作为复古主义者。

沙特阿拉伯北部森林里有一种奇特的鸟类,可以查到的几本鸟类学书中,它的学名均未被提及,我们只知道显然是它的"俗称"的名字——食铁鸟。

食铁鸟嗜好吃铁,铁钉、铁渣、铁末等小块的铁,都可以直接吞下。曾有一个铁匠的一口袋铁钉被食铁鸟趁他午睡时吃掉的记载。

食铁鸟的胃里贮藏有含大量盐酸的胃液,具有了高炉般的好胃口,使得吞入的铁钉不久便会被溶化。食铁鸟也一定具有坚韧的喉管,保护它不致于在吞食过程中受到损伤。

据说,食铁鸟的长相十分丑陋,一个惨白的又尖又小的脑袋,长

食铁鸟——反战勇士

在一个又大又圆的乌黑的身子上,而且鸣叫之声似摔响的破锣,当地人甚至不愿承认它属于鸟类。不承认的另一个主要理由便是——它的行为诡秘。而除了吃铁外,我们实在找不出食铁鸟和其他鸟有什么行为上的迥异。

古书中有记载,亚洲大陆也曾出现过食铁的昆虫,只是早已绝迹了。

中国的古书《尔雅》里记载有一种叫作貘狠的动物,也善于吃铁。只是我们现在无法看到这种动物了。《埤雅》记载,它长着大象的鼻子,犀牛的双目,狮子的脑袋,豺狼的头发,集勇猛于一身。而最奇妙的是,亦有关于貘狠吃孤独旅人的传说,因为据说这种动物认为,人不应该是孤单的,而该是手和手、心和心连在一起的。

食铁鸟是目前可以证实的唯一秉承貘狠遗志的动物。

如果食铁鸟真是一位"反战勇士"的话，它将感到一种困惑：人类习惯于把战争分作正义的和非正义的，麻烦的是战争中的双方都称自己是正义的，是为了全人类的幸福，更麻烦的是，当时已经定性的战争，经过一段历史时期却可能有完全相反的评价。人类自己都搞不清楚的事情，让食铁鸟从何处"下嘴"呢？也许，它该认为凡是战争都应消除！

康德设想过这种理想的境界，他一度盲目地认为法国革命可以带来持久的和平。他说："当每个国家的宪法都很民主的时候，战争将不会爆发，除非由全体公民的投票表决。"只有当君主和统治者不再把自己视为国家的唯一所有者，每个人都成为目的，而且是至高无上的目的，并且当这个民族懂得"把一个人当作另一个人的单纯工具是与人类尊严相违背的罪行"时，我们才能希望有普遍的和平。

对于食铁鸟精神的判断还有另一种指向：它是一个复古主义者。面对现代的工业文明，以及这种文明正在把人变成机器之一部分的必然结局时，食铁鸟恼怒于发展中必然付出的代价，怀念没有铁器的时代。

以绝对的手段寻求古老温情的同时，也将放弃掉大工业的繁荣，所以，食铁鸟注定永远不会成为一个英雄，不论是作为反战者，还是作为复古主义者。

野驴——自由奔跑的生灵

> 现在世界各地被人类饲养的家驴，它们共同的祖先都是非洲野驴。而亚洲野驴，竟从来没有被驯化。

驴往往被人看作家畜，其实在大自然中，还有众多野驴自由地生活着。

野驴有两种，一种产于非洲，一种产于亚洲。值得一提的是，现在世界各地被人类饲养的家驴，它们共同的祖先都是非洲野驴。而亚洲野驴，竟从来没有被驯化，以至于亚洲人不能就地取材，反要引进非洲野驴的后代。

野驴的生存适应性强，既可生活在草原和半荒漠地区，也可生活在丘陵和山岳，即使在海拔四五千米的高山草甸地段，也可见到野驴的身影。野驴善跑，能一股劲儿跑40至50千米，最高时速可达64千米。野驴出生数小时就可跟着母驴跑，而不会在草地上喘息。

野驴和家驴相比较，区别很多。家驴的耳朵远比野驴的耳朵长，有利于对主人的吆喝声及时做出反应；家驴的蹄子也比野驴小，它们不需要奔跑于旷野，只是耕种在田间地头，退化便成为很自然的事情；家驴的鸣叫声与野驴相去甚远，野驴鸣叫时像马一样洪亮，而家驴的叫声低哑，仿佛长期的圈养生活使它们的喉咙和声带也都退化了；野驴没有家驴具备的肩纹和肢纹，这种自由的生灵不需要装饰；……

有意思的是，野驴很少和家驴交配，却会同放牧的家马杂交，产下红白相间的"驳斑马"。

即使野驴与家驴有这么多不同，它很长时间内也无法被列为保护动物。驴毕竟是驴，野驴也是驴，家驴不被人类当回事儿，野驴就更不必说了。我国的青海、新疆、西藏原来都有很多野驴，20世纪40年

代尚能在草原上见到数百成群者。由于滥猎,特别是50年代末和60年代初,造成惨重的损失。仅青海玛多县,1960年便猎杀野驴6900多头,使得过去因驴多而得名的"野马滩"变成了"无马滩"。"野马滩"的得名是因为人类把这种与家驴性情相去甚远的动物误视为马的缘故。

如今,野驴终于成为国家一级保护动物,不会再受滥捕之害,但若想恢复昔日的盛况,恐怕已经很难了。

直到今天,我国还未引入非洲野驴,即使在动物园里,我们也看不到这种野驴的踪影,但是,它们的后代家驴,却早已在这片土地上生根。